大国大城 创新之路

上海国际科创中心建设战略研究

朱学彦　胡曙虹　蒋娇燕　张仁开
周少丹　张晅昱　高继卿　　　　　著

上海交通大学出版社
SHANGHAI JIAO TONG UNIVERSITY PRESS

内容提要

　　城市是一个国家科技创新的重要场域。从历史发展规律来看,科技创新改变了城市的外在形态、经济社会结构和秩序,为城市未来发展带来新契机。面对百年未有之大变局,谋划建设国际科创中心成为许多国家应对新一轮科技革命挑战和增强国家竞争力的重要举措。本书从战略引领、主体支撑、创新加速、空间响应、面向未来五个篇章展开,梳理并总结了10年来上海加快建设具有全球影响力的科创中心的理论基础和实践探索,并对未来发展提出了展望。

　　本书适合科技创新管理及城市发展战略领域的研究人员、学者,以及相关政府部门阅读和参考。

图书在版编目(CIP)数据

　　大国大城创新之路:上海国际科创中心建设战略研究/朱学彦等著. —上海:上海交通大学出版社,
2024.8—ISBN 978-7-313-31409-3

　　Ⅰ. G322.751

　　中国国家版本馆 CIP 数据核字第 2024HN4334 号

大国大城创新之路——上海国际科创中心建设战略研究
DAGUO DACHENG CHUANGXIN ZHI LU —— SHANGHAI
GUOJI KECHUANG ZHONGXIN JIANSHE ZHANLÜE YANJIU

著　　者:朱学彦　胡曙虹 等

出版发行:上海交通大学出版社　　　地　　址:上海市番禺路 951 号
邮政编码:200030　　　　　　　　　电　　话:021-64071208
印　　制:上海颛辉印刷厂有限公司　　经　　销:全国新华书店
开　　本:880mm×1230mm　1/32　　印　　张:6.875
字　　数:171 千字
版　　次:2024 年 8 月第 1 版　　　　印　　次:2024 年 8 月第 1 次印刷
书　　号:ISBN 978-7-313-31409-3
定　　价:58.00 元

自　序

科学、技术、创新的发展正受到前所未有的关注，这已成为一个不争的事实。今天的全球科技创新格局和全球治理模式正在经历深刻变革，身处大变局之中，我们每天都在以不同方式感知变化、理解变化，进而寻找新的触发点和契机。

人类正在经历新一轮科技革命和产业变革，关于科技创新的讨论不绝于耳，每个人的命运也受此影响。科技创新的基础、重点、难点都在城市。上海，海纳百川、包容并蓄，上海国际科创中心建设风雨兼程已走过十年。作为中国重要的智库，上海市科学学研究所不仅是这段时代变迁的观察者，更是上海科技创新发展历程的直接参与者。我们发展真实世界的科学学，剖析科技创新发展背后的规律、社会变迁与创新治理决策之间的复杂关系，分析那些顺应规律、充分释放创新活力的政策和措施如何推动经济增长和社会进步。

在科技创新的大议题下，妙趣横生的题目很多。几十年来上海在科技创新战略、体制和政策方面不断选择与试验，我们试图以理论逻辑阐释未来发展方向，聚焦科学、技术和创新的规律，希望为上海国际科创中心发展提供坚实的理论支持。以历史逻辑揭示发展脉络，深入解析全球科创中心城市的发展趋势和演化轨迹，寻找科学、技术、创新在全球城市发展过程中刻画的痕迹，从中探寻对上海的启发。以现实逻辑指导发展实践，在科技创新主体方面，我们关注大学、新型研发机构、企业的培育和发展，关注如何更好地培养未来的人；在创新活动方面，我们探求贯穿创新全链条的挑战和破解之法；在区域创新方面，我们探索长三角科技创新共同体建设的协同机制；在发展全局方面，我们研究科技创新如何更好地支撑和引领科技创新强国建设。

历史并未终结，而在重新开始，上海为这种重新开始注入了活水。这是科技创新最好的时代，充满着不确定，也蕴含着无限可能。今日将研究成果结集成书，倾注了我们对科技创新决策研究的热爱和执着，也表达了我们对上海这座城市的深情和期盼。全书由朱学彦、胡曙虹、蒋娇燕、张仁开、周少丹、张昍昱、高继卿共同撰写。期待这本书能让更多的读者了解和思考今日上海和未来的发展，从深度和广度两个层面认识上海科技创新事业的昨天、今天和明天。

目　录

第一章

战略引领：迈向具有全球影响力的科创中心

具有全球影响力的科技创新中心(简称"全球科创中心")是全球创新网络中的枢纽性节点,代表着所在国家在世界科研分工体系中所能达到的高度。面对百年未有之大变局,谋划建设国际科技创新中心成为许多国家应对新一轮科技革命挑战和增强国家竞争力的重要举措。2014年,"加快向具有全球影响力的科技创新中心进军"成为重要的国家战略。10年来,上海国际科创中心建设取得重大成就,正加快由"建框架"向"强功能"跃升。面对新形势新需求,上海将以增强科创中心核心功能为导向,营造一流创新生态,着力促进上海国际科创中心新一轮发展。

第一节　科创转向：城市发展大趋势

在世界现代化的进程中,科技创新逐渐成为欧洲、北美以及发展中国家的众多大中型城市发展的核心动力,城市科创化或科创城市化成为城市发展的大逻辑大趋势。在新一轮科技革命和产业变革背景下,越来越多的城市开始布局实施创新型城市策略,将创新功能置于城市众多功能中的核心地位,力图在日益激烈的全球化环境中增强城市的综合竞争力,其中纽约、伦敦、东京、硅谷等成为当代创新型城市的典范,这些城市也是公认的具有全球影响力的科技创新中心。科技创新中心是创新型城市中的高阶发展形态,通常是城市群中的首位城市,凭借其丰富的科创资源、活跃的科创活动、强大的科创能力、完整的创新链和产业链、广泛的创新影响,对区域乃至全球经济社会发展产生巨大的影响力。

一、城市科创化:城市发展的历史逻辑

(一)科技创新成为现代城市发展的核心动力

城市是科技创新的重要场域,科技创新愈来愈成为城市发展和崛起的动力源泉。从历史发展规律来看,科技创新改变了城市的外在形态、经济社会结构和秩序,为城市未来发展带来新契机。全球城市的形成过程中,处处可见科学技术对其刻画的痕迹。18世纪出现的早期现代创新型城市的发展持续时间较长,标志着城市创新的内涵发生了重大转折。伦敦首先成为全球领先的制造业中心,大量的革新性作坊(时钟与仪表制造)出现,新技术(啤酒厂用蒸汽机供电)传播迅速,商业活动中吸收大量来自欧洲的投资,尤其是东印度公司这样的商业公司对伦敦的投资极大地提高了城市的国际化水平。在此过程中,公共和私人部门对于基础设施的投资使伦敦形成了现代创新型城市的雏形。

19世纪70年代,现代创新型城市登上历史舞台,代表国家和区域参与国际竞争。创新型城市逐渐从欧洲向北美和亚洲扩散,纽约是这个时代创新型城市形成及发展的典型代表。1870—1900年,纽约的人口增长比世界上任何一个地方增长都快,人口的迁移与商业的发展推动了以纽约港为中心的美国的全球化进程。同时,伟大的发明家托马斯·爱迪生发明的电气照明系统、电话、电影等深刻地塑造了城市文化,纽约以其先进的技术、近乎疯狂的活力和开放性形成了一个独特的创新环境,并催生了绘画、建筑、音乐、舞蹈和设计的新

形式。

20 世纪中叶以后，信息、生物等高科技结合新一轮全球化，推动创新型城市向全球科创中心演进。这类城市的代表为硅谷、东京、班加罗尔、上海、北京、深圳等。以东京为例，第二次世界大战后东京超越大阪成为日本工业生产的主要中心。同时，日本中央政府和地方政府都试图将东京塑造成国际性大都市，推出了越来越多的政策，以促进高科技和知识型产业的发展，东京在这个时期跻身全球科创中心之列。

（二）科创功能成为现代城市的主导功能

城市功能即城市职能，是指城市在一定区域内的经济、社会发展中所发挥的作用和承担的分工，是城市对城市自身以外的区域在经济、政治、文化等方面所起的作用。

从时间维度来看，科创功能正逐步成为城市功能的核心。在不同的发展阶段，城市自身的发展条件和外部环境都会发生变化，城市功能呈现动态演变的特征。随着城市规模的扩大，城市生成新的核心功能①，原核心功能可能降级为主要功能甚至是基础功能。以伦敦和东京为例，在前工业时代，这两座城市的行政、司法等政治功能更为重要；进入工业时代之后，它们的贸易功能占据主导，演化成了制造业中心、交易中心、贸易中心和金融中心。20 世纪 70 年代后期以来，这两座城市的科技创新功能成为城市的核心功能之一。

从等级维度来看，科创功能逐渐进入城市功能的顶层。等级性

---

① 一般而言，按照对于城市发展所起的作用，城市功能分为核心功能、主要功能、基础功能和辅助功能。城市的核心功能是与城市性质定位密切相关，并决定城市发展方向的主要功能。城市的基础功能即载体功能，是城市的经济基础，保证城市生产和居民生活的基本秩序以及整个城市的运转，包括居民的衣食住行医美娱等方面，即消费功能、居住功能、交通功能、社会福祉功能、教育功能、文化娱乐功能等。

源于功能服务的范围。服务范围覆盖大部分区域甚至全域的是城市的核心功能,越来越多的具有全球影响力的城市还演化出城市群,中心城市的核心地位与周边城市的辅助地位互动互补。随着 20 世纪 70 年代之后信息、生物、航空航天等领域的高技术产品成为重要的国际贸易对象,诸多全球城市或自发地、或依托国家政策加大技术研发、科研人才培养、高技术产业集聚等方面的要素投入,成为区域乃至国际创新网络的重要节点,通过科技创新维持城市持续发展的同时,也将科技创新功能有机地融入了多等级的城市功能体系。

从城市功能关系维度来看,科创功能在众多复杂的城市功能中占据越来越显著的位置。城市功能是一个复合体,包含城市承担的功能类型和功能作用的空间范围。城市功能类型组合呈现复杂的相互作用关系,因城市所处发展阶段、历史时期、区位条件的不同而存在差异。因此,在不同的空间尺度上,起主导作用的城市功能类型不同。不同的功能类型与其服务空间共同构成城市的功能体系。以东京为例,品川区承载航运与交通功能,千代田区与港区承载总部经济、金融服务功能,文京区与涩谷区承载文化功能,多摩地区承载技术研发功能等,居住与消费功能在空间尺度上覆盖面最广,属于主导功能。随着科技创新驱动的数字化、绿色化转型的推进,科技创新功能正在逐步成为新的城市主导功能。

综上所述,从时间维度、等级维度、城市功能关系维度来看,科技创新功能逐渐成为城市的核心功能,成为核心城市带领周边城市协同发展的重要因素。在经济社会数字化、绿色化转型升级的过程中,科技创新功能与城市其他功能相互渗透,共同支撑引领城市的经济社会发展。

(三)城市科创化的两条路径

以技术革命为标志的周期性经济长波引发主导产业的更替,早期现代创新型城市的发展内涵发生了重大转折,使得世界经济增长的重心发生转移，进而推动了世界城市在新的区域内形成（见表1-1）。通过对技术革命、产业革命、经济长波与代表性全球城市的形成的梳理，可见全球城市的崛起依赖于各个历史发展时期经济与科技力量的推动。

表1-1　技术革命、产业革命、经济长波与代表性全球城市的形成

技术革命	产业革命	经济长波周期	主导产业	主导国家或地区	代表性全球城市
第一次技术革命（1733年—18世纪末）	第一次产业革命（1760—1840年）	第一次经济长波（1782—1845年）	采煤、纺织	英国	伦敦
		第二次经济长波（1845—1892年）	钢铁、铁路	英国、美国	伦敦
第二次技术革命（1832年—19世纪末）	第二次产业革命（1870—1945年）	第三次经济长波（1892—1948年）	电气机械、汽车、化学	英国、美国、德国、法国	伦敦、纽约、柏林、巴黎、东京
第三次技术革命（1940—1990年）	第三次产业革命（1947—2018年）	第四次经济长波（1950—1990年）	电子、航空航天、计算机	美国、欧洲、日本	纽约、伦敦、硅谷、东京
			计算机、互联网、生物工程	美国、金砖国家	纽约、伦敦、硅谷、东京
新一轮技术革命（2015年至今）	第四次产业革命（2018年至今）	第五次经济长波（1990年至今）	人工智能＋、移动互联网、物联网、大数据、新能源、新材料等	美国、中国、欧洲、日本等	纽约、伦敦、东京、硅谷等

　　从表1-1可以看出，技术革命带来产业变革，产业变革推动熊彼特长波周期的形成；技术革命的策源地从欧洲向北美、亚洲扩展；熊彼特长波周期每次历时50～60年，在这个周期中主导技术的进化、主导产业的变迁与国际竞争不断推动新的全球科创中心形成。

新一轮科技革命与产业变革正在孕育,哪座城市能够掌握新一轮产业兴起的核心技术,开发出新的具有竞争力的产品与服务模式,哪座城市就能占据新兴主导产业发展的制高点,控制全球经济发展的脉搏,从而确立以及进一步保持其世界城市的地位与优势。

从城市类型和在全球价值链所处位置这两个维度对创新型城市进行分类,大致呈"微笑曲线"分布。一端是具有全球影响力的世界城市(简称"全球城市"),主要包括纽约、伦敦、东京、上海、新加坡和北京,这些城市是跨国企业总部聚集之地,在金融资本服务、初创企业孵化、商业服务、信息数据收集处理等方面居于全球领先水平,同时这些城市又是跨国营销的最高级服务节点,因此其价值链管理、研发设计、生产服务及营销较为集中且居于最高端。另一端为高科技城市,主要包括硅谷、深圳、代尔夫特、新竹、班加罗尔等,此类城市孕育新经济发展,从而成为全球高科技产业技术标准制定和研发的策源地,对全球经济发展和产业升级转型具有重大影响力。在全球城市之下,是以总部管理为主的区域级世界城市,此类城市包括法兰克福、巴黎、芝加哥、香港等,这些城市在区域范围内拥有较强的影响力,包括企业管理、金融控制、信息服务以及市场开拓和营销等方面。

制造业城市居于"微笑曲线"的中段,包括发展中国家的经济中心城市,它们一般处于世界级的制造业腹地区域,进而发展成为区域的中心城市。此类城市具有金融服务、技术研发、品牌营销和市场开拓等功能,同时在高科技产品制造业方面具备较强能力,成为涵盖多重价值链环节和功能的综合性城市,包括圣保罗、墨西哥城、曼谷等。

"微笑曲线"的底部以新兴发展中国家的制造业城市为主,这些城市的制造业已经完全融入全球生产网络,主要承担低端价值链环节的制造和组装功能,其中以中国的昆山和东莞、越南的胡志明市等为代表。近年来昆山与东莞纷纷在科技创新上加大布局,努力向创新型城市升级转型。

总体上看，现代城市迈向具有全球影响力的科技创新中心，主要有两条演化路径。一是全球城市向全球科创中心演化。全球城市通常集聚了众多跨国公司总部，重点布局设计开发、营销、品牌等价值链高端环节。在此基础上，全球城市通过进一步汇聚生产制造（特别是高端制造）等环节，或者与周边的全球生产网络节点城市逐渐融合为一个整体（例如东京—横滨城市圈），进而升级成为全球科创中心。二是高科技城市向全球科创中心演化。高科技城市在新一轮全球化的过程中，通过技术创新、催生新产业为城市带来了更新的活力。与此同时，此类城市汇聚越来越多的创新资源、国际化专业公司和跨国公司总部，其中硅谷、深圳等第一梯队的高科技城市逐步演化为具有全球影响力的科技创新中心。

二、全球科创中心：国际大都市发展的高阶形态

（一）全球科创中心的功能特质

全球科创中心由多种要素构成，是一种演进为高阶形态的区域创新体系，是多个因子共同作用、多层面相互叠置形成的结果。通过跟踪具有全球影响力的科创中心发展历程并分析其主要特征，发现这些城市呈现出一些共同特征。

1. 系统融合性

全球科创中心是由多要素组成的区域创新系统，其独特性在于，这是一种进化到高阶形态的区域创新系统。全球科创中心的核心功能通过创新系统中各类资源以及内外部环境要素之间相互作用形成，实现城市创新要素、科技产业、城市文化、科学研究、技术研发、产业创新、资源要素集聚等多元能力的有机整合。科创中心的形成和发展涉及众多因素，因此，在培育其核心功能的过程中，需要对各类资源、知识、技能、技术进行高效整合，并通过适当的管理方式有效引导，以提升各要素间的协同性，充分发挥整体优势。

2. 动态演化性

全球科创中心的核心功能与其所在国家和城市内外部发展环境息息相关。科创中心核心功能是一个城市在长期发展，特别是科技创新过程中逐渐形成的，反过来也能够有效支撑城市在未来较长时间内的创新发展。在科学研究层面，应体现为从 0 到 1、从无到有的突破。在技术研发层面，应体现为从一般技术到关键技术、从外围技术到核心技术、从"枝叶"技术到"根杆"技术的跃升。在产业创新层面，应体现为从价值链低端到高端的升级，或从可替代性较高环节向可替代性较低的转变。

3. 阶段迭代性

生命周期理论认为，任何生命体都存在一个从诞生、成长、壮大、衰退直至死亡的过程。由于全球科创中心是一个具有演化和生长功能的创新系统，在不同的演化发展阶段，其核心功能在表现形式、功能特质等方面可能存在差异，因此，阶段性是其核心功能的重要特征之一。最终的结果可能是衰亡，也可能是被新系统取代，或者在旧系统中孕育新的生命，使原有的系统转型或者升级。

4. 自身独特性

全球科创中心的核心功能与城市的产业结构、创新资源等因素高度相关，在其形成过程中融入了城市自身的创新文化、创业精神及价值观等多种特质，深深印上了城市自身的特色，因而不同城市、不同科创中心的核心功能是独一无二的。这主要体现在两个方面：其一，这种功能的形成内生于城市自身，与城市的经济形态、产业结构、创新资源等因素高度相关，需要长期的培育；其二，科创中心的独特性是在一个开放的系统中与其他城市相比较而言，这也说明科创中心的核心功能是开放的，需要遵守国际通用的治理规则并构建普适的制度环境，同时也要体现自身城市的特点。

(二) 全球科创中心的发展动力

任何客观事物与现象的形成与发展都有其内在动力的规律性模式,全球科创中心核心功能的形成和发展也不例外。全球科创中心核心功能的形成是技术驱动、市场推动、政策促动和环境扰动的必然结果。技术驱动,即科学技术进步对创新主体发展及整个城市创新系统演化的驱动作用;市场推动,即创新产品或创新需求所带来的市场发展变化,推动创新主体及整个城市创新系统在不断适应市场变化的过程中进化;政策促动,在一些自组织性相对较差的科创中心的发展中,政府的管理体制、激励制度和扶持政策往往起到非常重要甚至关键性的作用;环境扰动,即全球科创中心核心功能的演化和发展往往受到其所处的社会经济、文化以及自然生态环境的干扰和影响。

1. 技术驱动

技术进步是促使全球科创中心核心功能形成和发展的最根本因素。一方面,现代科学技术的发展促使各类创新主体不断做出适应性调整和变化,大学、企业和科研院所等创新主体不断由传统模式向现代模式发展演化,同时为了填补创新链空白,一些新的创新中介组织不断涌现。另一方面,随着现代科学技术的飞速发展,科技创新的综合化、复杂化、开放性特点凸显,大科技需要大合作,因此,不同创新主体之间开始联合起来,既各司其职又发挥协同作用。在这种分工合作之中,创新主体之间的联系网络不断拓展和深化,从而促使全球科创中心朝着高级化、复杂化的方向发展。科学技术的进步,特别是新技术和新发明的产生是推动全球科创中心形成和孕育核心功能的根本动力之一。正因为如此,熊彼特及其追随者均以发明推动作为创新的起源。

2. 市场推动

市场需求是全球科创中心核心功能形成的基本动力之一,它有利于促进科技企业等创新组织成长、促使创新合作网络不断形成和拓展。首先,市场需求是激发创新活动的基本动力。市场需求推动技术创新,从而实现全球科创中心核心功能的不断演化。其次,市场需求是创新合作的重要动力,在创新生态系统中,作为重要创新主体之一的企业,往往和市场需求之间存在着许多制约因素,由于企业自身资源和能力有限,加之创新成本和风险等多方面因素的影响,使得企业依靠自身往往难以完成复杂的创新活动,而倾向于寻求与其他创新主体合作,从而间接推动了创新网络的形成。最后,市场需求是调节创新行为的基本动力,不同地域、不同类型的市场需求会对企业的创新行为进行调节,促使企业和各类创新主体在适应创新需求的过程中,找准自身在创新网络和创新链、价值链中的适宜地位。

3. 政策促动

全球科创中心所在地区的政府管理部门制定的战略规划、制度法规等都会对其演化和发展产生重要影响。在一些发展中国家和地区,这些影响有时候是关键性的,如台湾新竹、印度班加罗尔等科创中心的形成,就在很大程度上得益于管理部门的顶层设计。因此,相关政策对全球科创中心核心功能形成的重要性受到国内外创新研究者的关注。事实上,在许多创新理论,特别是制度学派的创新研究中,政府管理和政策的重要性一直备受重视。在全球科创中心的形成和发展中,政府是创新的直接投入者、创新发展蓝图的规划者、创新法律法规及政策的制定者。国家以及城市的教育革新举措、技术政策、创新型企业的税收优惠政策等,对于城市的科技创新功能起着加速与强化的作用。

4. 环境扰动

作为城市创新系统运行基础的创新环境,为系统运行提供了必要的物质和制度保障,对全球科创中心的发展具有重要干扰作用。在全球科创中心的创新生态系统中,技术与技术、技术与环境以及技术创新活动之间通过相互适应而形成并维持一种和谐的平衡关系。

总之，创新环境构成了整个创新生态系统运行发展的宏观背景，是全球科创中心发展的重要支撑，也是其高效运行的重要保证。创新环境涉及保证创新活动顺利开展的各个方面，其中文化、风险投资、资本市场、基础设施和专业服务尤为重要。文化对全球科创中心的影响不言而喻，适合创新的文化是全球科创中心形成和发展的重要原因。硅谷之所以难以复制，根本原因就在于其独特的硅谷文化。风险投资资本是知识资本和金融资本的结合，新思想、新创意的市场化和初创企业的成长需要风险投资资本或风险投资家的催化和引导，健全的风险投资资本市场更是全球科创中心核心功能的重要标志之一。顶级科创中心往往离不开高度市场化运作的资本市场。创新基础设施包含一切服务于科技创新活动的基础设施，不仅为科技创新活动提供必要的物质条件，而且还能通过人才汇聚效应推动全球科创中心核心功能的形成和发展。

第二节　从大都市到科创中心：城市创新的国际经验

任何科技创新中心的形成和发展都是创新主体与创新环境、区域创新系统乃至全球创新网络相互作用的结果，其发展特征和态势既因自身地域特征的差异而具有独特的个性，也因发展路径的相似性而表现出相对一致的共性。发现和总结全球科技创新中心的共性特征即发展模式，是深刻认识全球科技创新中心发展规律的基本内容，也是研究全球科技创新中心发展规律和特征的基础。

一、纽约：金融中心与科创中心相得益彰

纽约曾经以国际金融中心著称，2008 年金融危机后，其经济可

持续发展受到严重影响。随后纽约市政府更新发布一系列城市发展战略,其核心是扶持企业创新活动,制定吸引及留住顶级人才的各类政策,全力将纽约打造成美国"东部硅谷"和全球科技领导型城市。这些政策很快取得明显成效,数百家科技创新企业在纽约崛起,"东部硅谷"和"世界创业之都"成为纽约的新标签。

(一)金融优势与科创元素相互赋能

纽约发达的金融业在科创中心发展中扮演着资金提供者和资源链接者的角色。纽约利用国际金融中心的优势,汇聚各类金融机构,为创新提供大量资金支持。2020 年,9 000 家初创公司获得超过 162 亿美元风险投资,这些公司大多来自互联网应用技术、社交媒体、智能手机及移动应用软件等新兴科技领域。与此同时,先进科技深度渗透,为金融等产业不断创造新场景、新应用,催生新业态、新模式。以曼哈顿的硅巷地区为例,硅巷在原有的产业基础之上融合商务的产业新场景,充分体现出都市生活对于场景特色的激发。由于临近华尔街和百老汇,曼哈顿的硅巷空间在发展过程中一直都是金融、广告、媒体行业聚集的地区。在这一片区的发展过程中,产业的升级迭代具有明显的融合特色——数字科技融入传统的金融产业。金融与科技的关系,从过去的金融投资科技衍生出科技服务金融。大数据、云计算、区块链、人工智能等新科技手段被越来越多地运用于传统金融行业,而那些服务于金融的新科技企业,自然而然地聚集在硅巷地区并形成金融科技(FinTech)产业。在数字技术的加持下,曼哈顿原有的媒体、广告产业与科技融合,发展为广告媒体信息技术等新兴产业。布鲁克林滨水区曾是纽约历史上的工业区和码头区,现已重新被改造为新硅巷空间,用来发展尖端的城市科技产业。丰富的智造测试场景是该区域主要优势,其中布鲁克林陆军航站楼、海军大院和工业城由政府出资改造,旨在推动布鲁克林转变为创新和科学研究的全球枢纽。例如,位于海军大院的两栖机器人设计制造公司,其所设计的机器人不仅在岸上的通风海滨实验室中完成了原型机的制造，还在布鲁克林水域进行实地测试。此外，纽约的首个自动驾驶汽车测试项目在布鲁克林海军大院附近的街区内全天免费运行。

（二）大企业驱动与多元化协同双向赋能

总体而言，纽约全球科创中心的发展属于科技领军企业驱动主导型的发展模式，如谷歌、雅虎、亚马逊等高科技企业都选择落户纽约，得益于城市的创新资源禀赋和完善的市场机制而形成企业为主导的创新生态系统。与此同时，入驻纽约的领军企业构建起以企业为核心的创新生态系统，带动更多科技型小企业茁壮成长，并通过集聚效应和产业链传导机制使纽约的科技产业不断壮大升级。众多的创新型企业成为纽约创新生态的有机组成部分，形成彼此互动的创新企业生态。创新型企业作为科技创新引领者和财富创造者，逐渐成为纽约全球科创中心核心功能成长的发动机。纽约凭借其良好的创新环境，不但稳住了微软、谷歌等世界知名高科技企业，也吸引了众多小型初创科技企业，不同企业的聚集产生溢出效应，显著加快技术和产品开发的进程。随着 IBM、英特尔、苹果、台积电等世界芯片龙头企业落户，纽约正在建设成为全球最大的移动互联网芯片基地。此外，纽约创新型企业大多来自互联网应用和新媒体领域，创业者注重技术与商业的结合，挖掘互联网经济的新增长点。

（三）城市更新与科技创新一体推进

纽约通过在城市更新中融入科创要素、营造多元包容的空间环境，为科创产业发展创造了良好的生态。纽约硅巷以位于城市中心区的存量空间为主要载体，通过营造具有都市特征的各类场景吸引人才聚集，发展起与都市紧密结合的应用创新产业。纽约硅巷模式并无边界概念，这不单单指其城市更新片区在空间上无明确边界，更深层的含义是指硅巷空间所创造的产业增量价值及其背后的乘数效应超越该空间载体本身，甚至辐射带动整个纽约城市发展。以纽约布鲁克林海军造船厂区域为例,该区域位于纽约市曼哈顿与威廉姆斯堡大桥之间,沿东部河区布局且属于纽约市的核心区域,曾是纽约市传统产业工业园区,该区域的更新改造于 20 世纪 90 年代被提上议事日程。2004—2015 年,在纽约两届政府的推动下,该区域逐渐从传统工业区及海事设施区域脱胎换骨,在 10 年中发展为布鲁克林新一代制造产业发展中心。在城市更新过程中,纽约特别注重营造自我表达的场景和多元包容的文化环境,提供交流互动的展示空间,从而培养和激发市民的创业精神。在纽约主要公共设施中,剧院、喜剧俱乐部、艺术学院等是体现自我表达特质的重要载体。除知名文化地标外,地铁站、街头、公园等这些普通的公共空间也被赋予自我表达的场景属性。例如,纽约大都会运输署允许甚至鼓励街头音乐人在地铁站演出,音乐人可在表演期间悬挂高度个性化的宣传横幅,并获得在 30 个固定地点演出的机会。纽约大都会运输署列出的这 30 个地点,一方面能让表演者在人流最多的地方表演,获得最多的观众,尽可能地激发城市活力;另一方面也严格限制了空间使用权和使用时间,并规定了群体内部成员对于同一个空间的轮流共享,以保证自我表达存在于秩序的框架内。

二、伦敦:依托大学的外溢效应集聚创新优势

伦敦以其世界城市与金融中心的地位,充分发挥国际教育、多元人才及资源整合的优势,积极投身于新一轮科技创新浪潮。伦敦以知识服务为催化剂,推动众多行业开展科技创新,进而引领以知识产权为核心盈利点的创意产业发展。

(一)有效发挥人才集聚和知识创新优势

伦敦科技创新的发展得益于其雄厚的人才和知识优势。伦敦集中了英国 1/3 的高等院校和科研机构,同时还有众多的智库和科研院所,吸引了大量国际学生,年轻的高科技人才聚集使伦敦成为欧洲

最好的初创科技企业选址地。2022 年发布的 QS 世界大学排名显示，伦敦是英国高等院校最多的城市，共有 18 所高校进入 QS 世界大学排名榜单，其中 4 所跻身前十名，排名最靠前的是牛津大学（第 2 名），接着是剑桥大学（第 4 名）、帝国理工学院（第 7 名）、伦敦大学学院（第 9 名）。这些大学都是全球科技创新的重镇和人才集聚的高地。例如，伦敦大学学院成立于 1836 年，现设有 60 余个学院，是英国及欧洲规模最大的大学，超 17 万名学生在读，现已发展成为包含 17 个独立学院和 10 个研究所的巨型高等教育联盟。此外，英国有大量的专业学术和技术社团培养各类专业人才，其中最具代表性的有皇家学会、皇家工程院等。

（二）推动以大学为中心的融通创新

大学对于科技创新的驱动作用体现在三个方面：知识外溢效应、人才集聚效应和产业集群效应。伦敦具有众多研究型大学和科研机构，在此基础上通过规模化的基础研究和知识生产、技术创新推动城市科技产业发展。在伦敦模式中，大学和科研机构具有先发驱动作用及技术转化作用，即大学先于产业聚集区存在，大学的人才与知识外溢形成科技产业集聚。例如，伦敦生物科学创新中心从英国皇家兽医学院衍生而来；帝国理工推出帝国孵化器，为初创公司提供实验室和办公空间，助力医疗、软件信息以及工程技术类初创公司成长为高科技企业；伦敦大学学院牵头打造的伦敦知识园区，在一英里的辐射范围内聚集了 80 多家研究、文化机构以及科技企业，是英国人工智能和生命科学企业的摇篮。园区与周边高校和研究机构数量众多的科技人才形成集聚效应，谷歌旗下的人工智能团队、脸书在美国以外最大的工程技术中心、葛兰素史克的药物人工智能研发中心等团队和机构纷纷进驻于此。

（三）促进产业技术与商业资源有机融合

伦敦拥有在全球范围配置产业技术与商业资源的能力，进而提升科学和技术成果转换效率,最终促进科技金融、科技广告、科技教育等产业的发展,带动诸如时尚设计、影视、手工艺、音乐、建筑等创意产业的发展。伦敦的创意产业高度聚集在中心城区以及伦敦的西部。这说明密集而富有活力的城市氛围仍然是城市创新的基础,人与人之间的知识交流比常规工作更为重要。目前,伦敦正逐渐将技术整合到时尚行业中,以更精简、更具成本效益和可持续的方式开展业务。伦敦制定了雄心勃勃的目标,即到 2030 年成为净零碳城市,其时尚和科技部门将在其中发挥重要作用。为此,伦敦新增的投资公司致力于为实现技术整合的企业筹集资金,为时尚行业提供解决方案,伦敦正迅速成为发展时尚科技业务最有吸引力的城市。诸多全球电子商务公司在伦敦设立办事处,其中包括 Klarna、Stitch Fix 和 Faire 等国际品牌,电子商务领域领先独角兽发发奇总部也位于伦敦。伦敦发展促进署和 Dealroom 发布的数据显示,2021 年,英国在数字购物领域的风险投资资金总量在全球排名第四,伦敦电子商务公司吸引了 50 亿美元的投资。

三、东京:多元主体协同塑造国际科创中心

东京位于日本最大的关东平原中部,东京都市圈位列日本三大都市圈之首。1869 年,幕府将首都从京都迁至东京以来,东京逐渐发展成为日本的政治、经济、交通、文化、旅游、金融、科技等众多领域的枢纽中心。

(一)产学研协同

高水平大学与产业集聚,为东京多元主体协同创新提供了重要基础。东京共有国立和公立大学 14 所,私立大学 120 所,占日本大学总量的 19.3%。包括东京大学、东京工业大学、电气通信大学、东京农工大学、东京都立大学、早稻田大学、庆应义塾大学等知名大学为东京培育了大量高端技术人才,其他大学为产业和社会培养了多

样化的创新型人才。此外,东京企业占日本企业的 11.6%,大多数的大企业均设有东京总部,并设有研发中心。特别是东京多摩地区(西部),工科大学与企业研发中心聚集,交通便利,产学合作活动频繁。另外,筑波科学城聚集了日本各大国家科研机构,这里虽然不归东京都管辖,然而仅 60 分钟的通勤车程为东京提供了基础研究方面的支撑。

以大企业为主体的技术研发体系是东京科技创新中心的关键支撑。大企业通过国际网络深刻、精准地把握前沿学科的趋势与产业发展动向,并根据企业整体战略制定技术战略,在核心技术研发方面可以迅速、精准地凝练科学问题并形成内部研发项目。对于未储备的相关技术,企业可以凭借雄厚的财力、物力与大学进行产学合作,并配合足够数量的研发人员迅速将外部技术转化为自身的核心技术。例如,东芝公司在半导体领域、核技术领域、机电技术领域,三菱重工在自动化控制领域,石川岛公司在燃烧技术领域,富士通在通信系统领域均形成了极强的国际竞争力。这些大企业形成了高效、高能级的技术研发体系,带动大学的研发走向国际前沿,推动中小企业的研发能力不断提升,最终为东京科创中心的形成提供了重要基础。

(二)国际化发展

2009 年全球金融危机的冲击叠加 2011 年东日本大地震与核电站泄漏,日本亟须推出新的经济增长战略来获取新的国际竞争力与区域经济再生力。在此背景下,日本政府于 2011 年 6 月推出"国际战略综合特区"创建计划,东京作为先行启动的五个国际战略综合特区之一,面向建设亚洲总部特区,迈向高度成熟都市建设阶段,通过改善外国企业营商环境和外国人才生活环境,进一步的开放制度来吸引更多的人工智能、物联网和金融领域的跨国企业亚洲总部落户东京指定的五个区域。2013 年,东京成功申办 2020 年夏季奥运会,东京都于 2015 年发布"东京品牌战略",借助夏季奥运会这一重大国际赛事,通过将传统文化与前沿科技相结合来塑造东京新品牌,不断衍生新价值。在城市品牌塑造过程中,东京致力于打造舒适、安全、整洁的都市风格,为城市居民提供安居乐业、和谐开放的生活环境。

(三)数字化转型

2020 年以来,新冠疫情给全世界的经济带来了重大的冲击,也给东京带来了中小企业破产、大企业营收锐减、航空业旅游业瘫痪、高质量人口流失、居民家庭收入减少等重大问题。面向后疫情时代的发展,2021 年 3 月东京都围绕"都市—居民—产业"的再生,制定了"未来东京战略"。该战略的基本方针为"基于未来愿景视角规划城市""协同多元主体共同推进建设""以数字化转型实现智慧东京""以敏捷治理灵活应对变化",面向 2040 发展愿景,围绕"强化防疫抗疫体制与能力""支撑幸福家庭""推进新的工作方式""打造多元共生、和谐舒适社会""进一步升级城市功能""塑造活力城市""营造青城秀水零碳环境""建设文娱体育都市""区域协同一体化发展""治理能力升级与行政改革"九大方面制订了 21 大行动方案(见表 1-2),数字化转型是各大行动方案的核心要素。

表 1-2 "未来东京战略"主要方向和任务

对象	九大方面	21 大行动
全体	强化防疫抗疫体制与能力	战胜新冠疫情行动
居民	支撑幸福家庭	儿童笑颜行动
		支援儿童成长行动
		提升女性活力行动
		实现长寿社会行动
		推进高满意度的工作方式行动
	打造多元共生、和谐舒适社会	打造多样性共生社会行动
		打造温馨居住区生活区行动
		打造安心安全城市行动

对象	九大方面	21 大行动
产业	进一步升级城市功能	进一步升级城市功能行动
		智慧东京：东京数据高速路行动
	塑造活力城市	打造创新创业城市行动
		迈向价值链高端行动
城市	营造青城秀水零碳环境	营造青城秀水行动
		实现零碳行动
	建设文娱体育都市	建设文化娱乐都市行动
		建设运动型城市行动
	区域协同一体化发展	振兴岛礁经济行动
		全国协同发展行动
	治理能力升级与行政改革	运用东京 2020 奥运会遗产行动
		东京都行政改革行动

资料来源：东京都政府官方网站《未来东京战略 2022 年版》。

四、新加坡：政府驱动科技创新的典范

新加坡的科技创新得益于政府主导型发展模式，通过自上而下的政府行动来推动城市功能向科技创新转型和升级。政府是新加坡科技创新发展的关键参与者，新加坡从全球贸易港口城市演变为全球科创中心，离不开政府之手的能动性要素。政府是新加坡科创中心建设的规则制定者、创新环境维护者和创新氛围塑造者，决定着新加坡城市未来的发展方向。在新加坡全球科创中心形成和发展的过程中，政府为城市科技创新发展设计远景规划，制定激励创新创业的相关法律法规和税收政策，确定主导产业发展方向和发展路径，建立和完善科学和教育设施，加大研发投入支持创新。

（一）注重规划引领

新加坡政府从 1991 年开始连续实施七个科技发展五年规划，其中最新五年规划提出引入全新"国家创新计划"以着力解决城市面临的复杂难题，如人口增加和清洁水资源供应等问题。近年来，新加坡科技研发投入基本保持在 GDP 总额 2%～3% 的水平。新加坡以智慧国家作为国家发展目标，在 2017 年推出"国家人工智能核心"计划，旨在凝聚政府、科研机构与产业界三大领域的核心力量，促进人工智能的发展和应用，以提升新加坡在人工智能领域的竞争实力。目前针对人工智能领域，新加坡已经制定两大主要目标。第一，以产学研联合方式，汇集新加坡南洋理工大学、新加坡国立大学及新加坡理工大学等研究力量，广泛吸纳国内外专家资源，以期形成更全面的智慧国家研发能力；第二，建立新加坡人工智能、机器人等智能技术资源整合支持平台，并以机器人、数字健康、金融服务、智能能源、智能制造与智能交通等作为投资主线，提供从技术端到商业化的完整支撑，开拓人工智能商业化发展途径。根据埃森哲的调查研究，新加坡的人工智能应用到 2035 年预计将创造 2 150 亿美元的总价值；SGTech 年度调查结果显示，新加坡 27% 的公司已采用颠覆性技术，云自动化和聊天机器人的使用率持续上升。

（二）重视离岸创新

广泛开展离岸创新合作是新加坡建设科创中心的重要举措和成功经验之一。新加坡国土面积小，发展空间有限。为进一步拓展创新空间，新加坡在科创中心建设过程中注重加强与海外的合作，在中国、印度和东南亚等地建设大量科技园区，其海外园区面积总和相当于 171 个新加坡国土面积。以与中国的合作为例，新加坡在华先后开展了苏州工业园区、天津中新生态城、成都新川创新科技园等项目建设，输出其先进的科技产业园区管理模式，取得良好成效。在人才交流合作方面，新加坡前总理吴作栋曾经说："吸引外国人才这件事，是关系到新加坡生死存亡的问题。"尽管近年来新加坡国内对外国移民增多的反对之声有所反弹，但是新加坡政府还是坚持引进高层次人才，并对外籍高层次人才实施外劳税优惠、长期工作签证、成为永久居民等倾斜政策。新加坡经济发展局与人力资源部共同建立"联系新加坡"网络，在澳大利亚、北美、欧洲、亚洲等地的大城市设立办公室，为新加坡的雇主在全球范围招募人才。

（三）借势跨国研发

新加坡非常重视跨国公司的增长作用和溢出作用，鼓励科技成果商业化应用，是借助跨国公司研发活动提升本国创新能力的成功典范，其跨国公司研发开支占企业部门总研发开支的 60％ 以上。全球有 7 000 多家跨国企业在新加坡设立运营机构，其中 60％ 的企业设立了区域或国际总部。新加坡近年来形成"合作研发＋技术习得＋商业化创新"模式，即通过国家科研机构加强与跨国公司开展技术攻关，借助跨国公司掌握研发的关键核心技术，再经过引进、消化吸收、再创新，实现集成创新和自主创新。此外，新加坡政府专门设立研发基金鼓励跨国公司开展研发活动，还制定了研发辅助计划、公司研究鼓励计划等，为跨国公司的研发活动提供资金，鼓励跨国公司在新加坡设立研发总部、开展研发活动。新加坡政府在本国企业当中遴选一批优秀的技术骨干和经营管理人才，进入政府与跨国企业联合成立的培训中心进行专业培训，然后将这批人员输送到跨国企业中发挥重要作用。

（四）培育本土企业

新加坡非常重视培育本土企业、初创企业和小微企业。为提升本土企业的创新能力，新加坡政府为小微企业提供大量人才、技术、土地、资金、市场支持。例如，新加坡标准、生产力与创新局（Standards，Prodwctivity and Innovation for Growth，SPRING）是新加坡主要的企业发展促进机构，其主要任务之一是促进中小企业特别是科技型中小企业的发展,在新加坡建立活跃的中小企业群体。SPRING 实施企业发展计划,并与其他投资者合作提供种子基金,成立商业天使基金,为有商业前景的科技企业的创立与发展设立专门支持计划;SPRING 还发起"创新券计划",协助企业向公共知识机构购买技术服务。同时,SPRING 出台鼓励创新的政策措施,颁发"新加坡创新奖"以表彰在创新方面有特殊成就的企业和公共机构。

（五）审慎灵活监管

一方面,对科技创新应用实施积极监管措施。新加坡金融管理局(简称"金管局")在重点金融领域的监管政策加之监管科技的创新应用,成为新加坡创建全球科创中心的重要保障。另一方面,开放型经济体的特征也使得新加坡政府(包括金管局在内)在治理中秉持开放态度,在监管风险的同时注重保持自身灵活性,以审慎务实的原则审时度势、择机而变。例如,新加坡于 2017 年前后效仿英国采取"监管沙盒"制度,新加坡金管局在限定的业务范围内简化金融科技市场准入标准与门槛,在确保投资者权益的前提下允许机构将各种金融科技创新业务迅速落地,随后根据这些业务的运营情况来决定是否推广。这种方式不仅能够让金融科技企业在相对宽松的环境中进行创新,又能较好地发挥政府的监管职能。

第三节　建设具有全球影响力的科创中心：上海的探索与实践

自 2014 年以来,上海科创中心建设加快推进,"四梁八柱"基本构建,全球影响力持续攀升,已跻身全球主要创新型城市行列。从全球权威机构出具的科技创新中心排名来看,上海科技创新的名片逐渐印入全球创新发展格局。世界知识产权组织发布的《2023 年全球创新指数报告》显示，上海位列全球"最佳科技集群"第五位（与苏州合并为同一科技集群），较 2022 年上升一位，这是上海首次跻身前五。在中国科学技术发展战略研究院发布的《中国区域科技创新评价报告 2022》中，上海的综合科技创新水平指数位列全国第一。

一、高端创新要素加速集聚

科创中心的形成和发展受到各类因素的共同作用，集聚全球高水平科技创新资源是上海建设国际科创中心的基础和重要保障。上海研发经费投入逐年增加，全社会研发投入从 2012 年的 679.46 亿元增长到 2022 年的 1 981.6 亿元，研发投入强度从 3.31% 增长到4.44%。人才作为科技创新活动的唯一执行者，贯穿于创新活动的全过程，直接参与新知识、新技术及新产品创造过程的每个环节。上海在集聚科技创新人才方面实现了人才数量与质量的同步提升，研发人员全时当量从 2012 年的 153 361 人年提高到 2022 年的 264 054人年。科睿唯安发布的"2022 全球高被引科学家"榜单中，上海全球高被引科学家 117 人次，占全国比重约 10%，为上海打造具有全球影响力的科创中心奠定了坚实的人才基础。

二、创新策源功能逐步提升

国家实验室体系、高水平研究型大学、国家科研机构及科技领军企业等战略科技力量是上海建设国际科创中心最核心、最尖端和最关键的力量。当前，上海国家战略科技力量不断壮大，策源能力持续提升。在沪国家实验室建设初步呈现格局，实施了一系列重大科研任务，涌现出了新路径光刻技术、下一代芯片技术等多项原创成果。上海光源二期建成，硬 X 射线自由电子激光装置等一批国家重大科技基础设施加快建设，全市 15 家研发与转化功能型平台的核心功能持续加强，长三角国家技术创新中心已进入实质性运行阶段，与国内外130余家知名高校和研发机构建立了战略合作关系。2022年高新技术企业突破2.2万家,78家企业登陆科创板、全国第二,市值1.48万亿元、全国第一;71家企业入选"2021胡润全球独角兽榜",占全国比重约24%,总量全国第二。同时,中国商飞等大企业牵头组建了体系化、任务型的创新联合体,企业科技创新主体地位进一步巩固,技术创新能力加速提升。上海在复旦大学、上海交通大学、中国科学院上海分院、同济大学、华东师范大学和华东理工大学等建设基础研究特区,通过实施"探索者计划",引导企业增加基础研究投入。2022年,上海科学家在《科学》《自然》《细胞》杂志发表论文120篇,占全国总数的28.8%。

三、关键核心技术持续突破

加快关键核心技术攻关是国家赋予上海科创中心建设的重大使命。当前,上海加快承接布局重大创新任务,原创技术供给持续涌现,新兴技术加快突破,民生科技蓬勃发展赋能城市高质量发展。至2022年底,上海累计牵头承担国家科技重大专项929项,获中央财政资金支持333.04亿元。目前,全市共启动15个市级科技重大专项和三批人才高峰工程市级重大任务。集成电路、生物医药、人工智能三大重点领域发展成效显著,国家科技重大专项"极大规模集成电路制造装备及成套工艺"(简称02专项)重点部署的重大关键装备取得阶段性进展,创新药和医疗器械产品持续涌现,人工智能大规模视觉模型与算法开源开放平台达到世界先进水平。海网云协同标准获国际认可,建立国内首个太赫兹通信测试平台。成功举办全球6G技术大会,上海在全球移动通信领域的影响力持续提升。上海关键核心技术突破还体现在以下几方面:面向Web3.0发布新操作系统;超快激光"超限制造"技术打破国际垄断;图迈四臂腔镜医疗机器人获国家批准上市,领先于国际市场;攻克商用飞机发动机关键技术,为

ARJ21、C919 等型号提供技术保障;突破国产大型邮轮、液化天然气(LNG)运输船的设计与建造技术难题,海洋船舶与海工装备领域取得重大进展;危化品智慧监测等关键技术取得突破,城市安全运行防线进一步筑牢;建立废弃物资源化与再制造全技术链,为无废城市建设提供了关键技术支撑;封闭式污水处理厂无人巡检系统建成大规模示范工程,并在长江河口建立了生态环境监测体系;推进自适应锚碇悬索桥结构体系设计施工等新技术研发,搭建数字化管控平台,助力历史建筑保护和城市基础设施更新;推出交通综合研判和动态调整精准管控技术,构建空港智慧货运通道技术体系,极大地提升了城市交通运行效率。

四、创新创业生态不断优化

创新创业生态及创新环境是科创中心建设的重要支撑,也是其高效运行的重要保证。从全球科创中心建设的经验来看,科技创新发展的良好环境主要包括创新创业载体蓬勃发展、形成更加包容和开放的创新文化、构建完善的科技金融服务体系等。近年来,上海不断优化国际科创中心建设的宏观环境,显著推动上海科技创新与创业生态的发展。至 2022 年,上海共有科技企业孵化器、众创空间、大学科技园等创新创业载体 418 家,经营(孵化)面积超 365 万平方米,孵化了近 3 万家企业,集聚了约 13 万创新创业人才,累计培育出近5 000 家毕业企业和近 200 家上市企业。2022 年,科技信贷产品服务企业达 6 547 家,授信规模达 1 951.4 亿元,同比增长 23.19%,其中97% 为中小科技企业,首贷比例达 15%。13 家合作银行通过高企贷为 5 826 家高新技术企业提供各类信贷支持。2022 年,经认定登记的技术合同共计 38 265 项,成交额达 4 003.51 亿元,同比增长 45%,技术交易市场日益活跃。科普事业迈入高质量发展阶段,公民科学素质长期居于国内领先地位。培育形成了上海科技传播大会、上海科技节、上海国际自然保护周等系列品牌活动,推出了"大咖小灶""市民防疫新科普"等科普节目和专栏。截至2022年底,已建成示范性科普场馆52家、基础性科普基地221家、青少年科学创新实践工作站29家。大力弘扬科学家精神,积极宣传"最美科技工作者""感动上海"等先进典型,科创中心建设的社会基础进一步夯实。

五、开放创新网络稳步拓展

全球科创中心是各种创新资源在空间上集聚形成的区域创新系统,是更大范围内的区域创新网络甚至全球创新网络的节点城市,也是其所在国家和地区科技创新活动的开放门户和全球创新资源的配置中枢,对区域及全球科学、技术、创新活动和产业发展具有强大的影响力和辐射力。从区域科技创新协同层面来看,上海作为长三角的核心城市,在科技部指导下与江苏、浙江、安徽三省协同推进长三角科技创新共同体建设,"4+1"新机制已基本形成,联合发布《长三角科技创新共同体联合攻关合作机制》等文件,设立专项工作机构和秘书处。在集成电路、人工智能等领域,首批20家企业创新需求得到133项全国解决方案的响应。目前,长三角地区科技创新实力显著提升,研发经费投入、发明专利授权量和高新技术企业总数约占全国的1/3,成为国家科技创新的重要引擎。从国际科技合作网络构建方面来看,上海集聚和配置全球创新要素和资源的能力不断增强,截至2022年底,上海已累计与五大洲20多个国家和地区签订政府间科技合作协议,建设"一带一路"国际联合实验室34个,拥有外资研发中心531家。2022年全球技术供需对接平台正式发布,联动全球技术转移大会和全球创新挑战赛,以数字化、智能化技术精准赋能供需对接。大科学计划和大科学工程取得新进展,全脑介观神经联接图谱大科学计划取得阶段性成果,国际人类表型组计划得到多国科学家认同和参与,国际人类表型组标准化创新中心揭牌成立。国际大洋发现计划稳步实施，中方提出的成为平台提供者的方案成为国际共识。截至 2022 年，浦江创新论坛历经 15 年的发展累计吸引了近 60 个国家和地区共 2 000 余位专家、学者、企业家参与深度交流，已成为国际科技合作与交流的大舞台。由上海发起的首个国际科学大奖"世界顶尖科学家协会奖"得到了国内外科学家的积极响应，已成为全球知名科学家交流合作的重要平台。

六、创新治理体系日益健全

体制机制影响着科技创新子系统之间的结合，是生产要素之间发生联系和相互作用的桥梁。通过体制机制改革和制度创新激发科创潜力和活力是上海建设科创中心的重要内容。上海不断完善支持科技创新的政策法规体系，围绕为科研主体和人才松绑、解绑，明确改革实施路径，初步形成一套整体性改革举措、若干配套制度和一批重点领域改革试点方案。上海制定了《关于本市进一步放权松绑激发科技创新活力的若干意见》《上海市高质量孵化器培育实施方案》等政策，出台了一系列硬核科技政策，为科技创新提供了有力支撑。上海持续优化科研管理服务，深入推进科技领域"放管服"改革，"政策北斗"2.0 版升级上线，构建了线上线下结合的科技政务服务体系，形成了科技管理业务"一网通办"及数据治理建设和管理规范，实现行政权力事项接入全覆盖，科技政务数据"应编尽编""应归尽归"，持续优化科技计划分类管理，提升科技管理效能和财政资金绩效。上海市科技信用信息管理平台建设持续推进，建立了上海市科技伦理和科研诚信建设协调机制。

总体来看，近 10 年来，上海科创中心总体实力稳步提升，国际影响力不断增强。当前，上海科创中心建设正处于从形成基本框架体系迈向功能全面升级的关键时期，内外部风险挑战和发展需求交织叠加。上海科创中心建设虽然取得重大成就，但仍然面临不少困难与问题。主要表现在创新策源功能与第一梯队城市差距显著,世界一流的科研机构和科研人才比较缺乏,领军型企业数量少、创新引领能力不足,国际化程度和创新网络枢纽功能亟须提升等方面。

第四节 功能跃升:未来上海科创中心建设的战略举措

新时代以来,建设科创中心城市成为我国实施创新驱动发展战略的重要战略决策,北京、上海相继部署推进具有全球影响力的科创中心建设。在此过程中,科创中心的功能及定位是重点问题之一,成为诸多学者探讨的热点议题。不同领域的研究者对城市科创功能的基本内涵或定位的认识有所不同,但建设科创中心旨在推动其功能不断升级是学术界和实践界的共识。可以认为,作为一个国家和地区的科创枢纽或引擎,上海建设具有全球影响力的科技创新中心的过程,就是推动城市科创功能持续跃升并逐步培育核心功能的过程。可以从自身、国家、国际三个层面对上海科创中心的功能进行阐释:在自身层面,主要是科技创新策源功能,其核心特质是拥有强大的科创实力;在国家层面,关键在于能够很好地承载和承担国家战略使命和重大任务;在国际层面,主要体现为具有广泛的影响力、对全球科技创新网络和产业价值链的控制力与引领力。

一、功能内涵——创新策源、使命承载、全球引领

(一) 科技创新策源功能

全球科创中心通常是一个国家或地区甚至全球的新知识、新产品和新技术的产生中心,其科创策源功能是科学、技术和创新三维聚合的有机体。科技创新策源功能就是指科创中心不断孕育科学新发

现、技术新发明、产业新方向、发展新理念并且推动其发展壮大的能力。也就是说，科技创新策源功能既包括从无到有、从 0 到 1 的"源头之初"，也包括从 1 到 10 乃至 100、从小到大、从弱到强的"燎原之势"。

在科学研究层面，科技创新策源功能即不断孕育科学新发现的能力。上海作为具有全球影响力的科创中心，通过集聚世界一流大学和科研机构等战略性科技力量，源源不断地产生新的知识和思想，成为世界新知识产生的重要源头，是科学规律的第一发现者。

在技术创新层面，科技创新策源功能即不断孕育新技术、新发明的能力。全球科创中心在知识创新的基础上产生大量新技术，成为原创技术、关键技术的重要源头，是技术发明的第一创造者。

在产业驱动层面，科技创新策源功能即不断产生新企业、新业态、新模式和新产业的能力。科创中心依托大量世界级的科技型企业、跨国公司以及风险投资公司，通过产品创新、市场创新和管理创新带动世界产业变革，成为创新产业的第一开拓者。

在文化引领层面，创新的原始动力不仅来自科技，更来自文化。文化是孕育科创中心的母体，真正具有创新力的城市一定具有深厚的文化底蕴，具有开放、包容和高度信任的文化特质。科技创新策源功能体现在文化层面就是创新文化引领功能，一般来说，全球科创中心是创新文化的传播中心，全社会创新创业意识强烈、文化氛围浓郁，有利于创新的社会制度健全，能够不断孕育新文化、新思想、新理念和新制度。

（二）国家使命承载功能

全球科创中心通常是一国科技创新机构最集聚、创新活动发生最频繁的区域，一般掌握一批前沿科学研究成果和关键核心技术，涌现一批具有国际影响力的重大科技创新成果，在众多领域达到世界领先水平，因此往往是其所在区域乃至国家创新发展的强大引擎，也因此成为国家许多重大战略任务的承载地和重大科技创新任务的主要承担者,成为国家攀登世界科技高峰的主力军、攻克科技难题的"突击队"。

许多国家重大战略与上海息息相关,需要上海积极承担并做出应有贡献。例如,在实现高水平科技自立自强的国家使命中,上海要强化科技创新策源功能,努力实现科学新发现、技术新发明、产业新方向、发展新理念从无到有的跨越,成为科学规律的第一发现者、技术发明的第一创造者、创新产业的第一开拓者、创新理念的第一实践者。在推动长三角更高质量一体化发展中,上海要加快"五个中心"建设,加快推进浦东新区综合改革试点,进一步提升虹桥国际开放枢纽辐射能级,大力实施自由贸易试验区提升战略,推进上海自由贸易试验区临港新片区更高水平对外开放。在推进中国式现代化建设中,上海要着力推动科技、教育、人才一体化发展,着力造就大批胸怀使命感的尖端人才,加快向具有全球影响力的科创中心迈进。

(三)全球创新引领功能

全球科创中心因为其强大的科技实力、丰富的科创要素和高层次的开放创新平台,不仅对其所在区域和城市群具有强大的创新辐射功能,对全球科技和产业创新也能产生重要影响,是全球科技创新网络中的核心枢纽之一。全球科创中心的集聚和辐射功能的强弱决定其能量的大小和能级的高低,只有辐射和集聚功能表现得强大且均衡,全球科创中心才能在全球创新网络中处于真正的支配性地位。

全球科创中心通过面向区域或全球的创新网络与其他城市或地区建立联系,一方面吸纳外部创新资源,另一方面也通过网络输出影响,辐射整个区域、全国乃至全球,对全球创新资源流动具有显著的引导、组织和控制作用。

二、主要标志——要素齐备、能力一流、功能发挥

当前,上海具有全球影响力的科创中心建设正在从"建框架"迈向"强功能",从量的积累迈向质的飞跃,进入创新活力持续迸发、创新成果不断涌现的新阶段。新阶段的科创中心建设要求实现核心功能,意味着格局进一步放大、内涵进一步深化,核心功能实现的标志可从要素集聚、结构优化和功能强化三个层面来分析。具体来看,上海实现具有全球影响力的科创中心核心功能的主要标志包括系统要素完备、能力达到世界一流、核心功能充分发挥。

(一) 系统要素齐全完备

全球科创中心核心功能的形成受到多种影响因素的共同作用,这些多元化因素既包含社会、经济的因素,也包含政治、文化的因素;既有内在的,也有外部的;既有长期的,也有短期的,主要包括以下三大类要素。

1. 人才要素

人才,特别是高素质科技创新创业人才是全球科创中心形成的核心和关键,其他创新主体要素和创新环境要素的功能都是以人才要素为核心展开的。人才作为科技创新活动的唯一执行者,直接参与新知识、新技术以及新产品创造的每个环节。从全球科创中心的功能演化来看,科学家、工程师、设计师和艺术家等构成的创新阶层尤为重要,这些创新阶层的形成和集聚得益于具有多样性和开放性的城市人口、吸引外部人才的城市魅力以及活跃的人才市场。

2. 组织要素

主要包括企业、大学与政府。企业是科技创新的主导者,引擎企业或龙头企业是城市和区域科技创新的发动机,对整个城市的科技创新活动具有带动和组织作用。大学是人才培养的摇篮和科学研究(特别是基础研究)的主阵地,是城市创新氛围的塑造者,现代大学集

人才培养、科学研究和创新创业于一体,为城市科技创新发展提供源源不断的优质人才。政府是城市和区域发展中的能动性要素,是游戏规则的制定者、创新环境的维护者和创新氛围的营造者。

3. 环境要素

主要包括文化、资本、设施及服务。创新环境要素构成了整个城市和区域创新活动的背景,是全球科创中心形成和发展的支撑。其中,包容、开放的创新文化与科技创新活动是鱼水关系。健全的风险资本市场是全球科创中心形成的重要标志之一。创新基础设施不仅为科技创新活动提供必要的物质条件,而且还能通过人才汇聚效应推动全球科创中心的形成和发展。

图1-1展示了全球科创中心的要素构成体系。

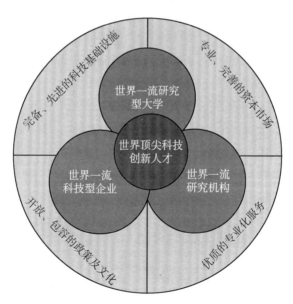

图1-1 具有全球影响力的科创中心的要素构成体系

资料来源:杜德斌.全球科技创新中心:动力与模式[M].上海:上海人民出版社,2015.

（二）能力达到世界一流

对比来看，可以认为上海实现具有全球影响力的科创中心核心功能的主要表现为：成为广泛而活跃的全球资源配置中心，各类创新要素集聚和扩散的枢纽，全球一流科学家、一流大学、一流科研机构及知名跨国公司高度集聚；成为全球创新策源中心，拥有具备全球影响力的研究成果，进行广泛的国际科技交流与合作，拥有良好的创新环境和完善的科技服务体系，为众多创新主体进入全球市场提供无缝衔接的服务。具体体现为以下几方面。

1. 拥有世界一流的人才和高校院所，重大科学发现和原创成果不断涌现

（1）集聚一批基础研究、前沿创新领域的顶尖科学家。作为世界一流大学的集聚地，伦敦、纽约、波士顿、慕尼黑、东京、硅谷等全球科创中心内的大学校友中诺贝尔奖获得者数量众多（见表1-3），为科创中心的形成提供了丰富的创新人才。诺贝尔奖是国际上公认的对基础研究者的最高奖励，自1901年来每年都会授予在物理、医学、化学、和平和文学方面取得卓越成就的人。

表1-3　1901—2023年主要全球科创中心的世界一流大学校友中诺贝尔奖获得人数

全球科创中心	大学	诺贝尔自然科学奖	全球科创中心	大学	诺贝尔自然科学奖
伦敦	剑桥大学	98		格林威治大学	1
	牛津大学	53		威斯敏斯特大学	1
	伦敦大学	31		伦敦政治经济学院	/
	伦敦国王学院	14		小计	228
	伦敦帝国学院	14	慕尼黑	慕尼黑大学	42
	伦敦卫生与热带医学院	2		慕尼黑工业大学	10
	帝国理工学院	14		小计	52

续　表

全球科创中心	大学	诺贝尔自然科学奖	全球科创中心	大学	诺贝尔自然科学奖
硅谷	加州大学伯克利分校	84	波士顿	纽约新学院	/
	斯坦福大学	54		小计	258
	小计	138		哈佛大学	114
纽约	哥伦比亚大学	71		麻省理工学院	63
	耶鲁大学	34		布兰迪斯大学	1
	纽约市立学院	13		塔夫茨大学	1
	康奈尔大学	50		小计	179
	普林斯顿大学	44	东京	东京大学	18
	纽约大学	20		东京工业大学	2
	洛克菲勒大学	26		小计	20

注:表中纽约是指纽约大都市区;波士顿是指大波士顿,即马萨诸塞州紧靠波士顿的地区;硅谷是指旧金山湾区;伦敦是指大伦敦,即英格兰东南部区域;慕尼黑指慕尼黑市。

资料来源:诺贝尔奖官网。

　　上海要建设成为具有全球影响力的科技创新中心,应逐渐培养尖端人才收获诺贝尔奖、沃尔夫奖、拉斯克奖、图灵奖、菲尔兹奖、麦克阿瑟天才奖等国际顶尖科技奖项,不断吸引不同国籍、富有前瞻引领能力的科学大师及团队选择上海作为从事研究的主阵地。更为重要的是上海培养出的优秀青年科学家要不断领衔取得重大科技成就,提升在全球学术界的声誉。

　　(2)拥有一批具有世界级声誉的研究型大学和科研机构。通过分析全球各大科技创新中心指数排行榜发现①,位居前列的城市(地

---

① 包括世界知识产权组织发布的《全球创新指数 2023(GII)》、澳大利亚2thinknow发布的《全球创新城市指数 2023(ICI)》、清华大学发布的《全球科技创新中心指数 2023》等。

区)都至少拥有1所世界一流大学。其中,一直位居各大科技创新中心指数榜首的硅谷处于世界上最好的大学网络中,最知名的是斯坦福大学、加州大学伯克利分校、加州大学旧金山分校和圣何塞州立大学,它们在科学、工程、应用技术领域的发展与推广,以及人才培育、技术支持等方面为硅谷注入了顶尖学术智慧。同时,美国依托世界一流大学管理战争时期的国家实验室,并在一流大学新建了许多国家实验室,这些实验室在科技创新方面发挥了重要作用。未来,上海的国家实验室应成为世界科技创新前沿的引领者、产业颠覆性技术的开创者,使在沪一流大学、科研院所成为全球科学家的向往之地。

(3)涌现一批重大科学发现和原创成果。在美国,足以影响人类生活方式的重大科研成果中,70%诞生于高水平的研究型大学,如发光二极管、条形码、晶体管、雷达等产品和相关技术均来源于美国一流大学。上海要实现科创中心核心功能,应在脑科学、量子信息科学等可能产生变革性技术的基础科学领域持续诞生具有国际影响力的科研成果。国际科学共同体纷纷在上海定期举办重要学术交流活动,上海各领域领衔科学家成为国际重要学术交流活动的倡导者、领导者和组织者。

2. **集聚世界一流科技领军型企业,形成更具竞争力的现代化经济体系**

上海科创中心建设围绕关系国家安全的战略必争领域、未来经济社会发展需求重点领域、科学重大基础前沿关键领域,在新科技革命可能产生重大突破的方向发力,引领经济社会发展。

(1)孕育一批高科技巨头企业。世界著名科创中心的发展经验表明,一个具有全球影响力的科创中心是靠一批具有全球影响力的企业支撑起来的,具有全球影响力的企业是全球科创中心形成的发动机。出现一批具有国际知名度和行业控制力的创新引擎企业是全球科创中心形成的主要标志。表1-4列举了部分全球科创中心拥有的研发1000强企业。硅谷之所以成为全球最有影响力的科创中心,正是因为这里培育出了惠普、英特尔、苹果、谷歌、思科、甲骨文、推特、脸书、特斯拉等一大批世界级的科技创新领军型企业(见表1-5)。同样,东京之所以成为全球科创中心,也是因为这里培育出了本田、丰田、三菱、索尼、日立、佳能、NEC、富士等一大批国际知名企业。

表1-4 部分全球科创中心拥有的研发1000强企业数量

全球科技创新中心	研发1000强企业数量(个)	代表性引擎企业
东京	119	本田、丰田、三菱、NEC、富士、索尼、日立、佳能、富士通
硅谷	85	思科、惠普、英特尔、雅虎、超威半导体、谷歌、苹果、安捷伦科技
巴黎	22	标致、雷诺、赛诺菲、泰雷兹
伦敦	19	阿斯利康、ARM、葛兰素史克
纽约	18	辉瑞、IBM、百时美施贵宝
波士顿	15	亚德诺半导体、泰瑞达
慕尼黑	10	宝马、西门子、英飞凌
总计	288	

资料来源:英国商业创新与技术部《2022年英国和全球研发1000强企业排行榜》。

表1-5 硅谷的引擎企业(2022年)

序号	公司	所在城市	成立年份	2022年利润(亿美元)
1	苹果	帕洛阿图	1976	1680
2	谷歌	山景城	1998	650
3	脸书	门洛帕克	2004	320
4	英特尔	圣塔克拉拉	1968	200

续　表

序号	公司	所在城市	成立年份	2022 年利润(亿美元)
5	思科	圣何塞	1984	100
6	甲骨文	红木城	1977	100
7	英伟达	圣塔克拉拉	1993	50
8	Adobe	圣何塞	1982	20
9	网飞	洛斯加托斯	1997	10
10	特斯拉	帕洛阿尔托	2003	15

资料来源:根据美国证券委员会 Edgar 数据库和彭博社相关数据及硅谷指数整理。

　　未来上海应着力吸引在集成电路、生物医药、人工智能等领域拥有发展自主权和产业链话语权的企业逐渐集聚,并涌现出一批国际知名的明星高科技企业,鼓励在高端制造、船舶海工、精准时空服务等战略性新兴产业领域诞生一批具备技术原创性、发展自主性、产业自控性和用户黏度高的企业,成为国际资本追逐的宠儿。

　　(2)持续开辟产业新赛道。具有全球影响力的科创中心都拥有若干引领型的由具体产业领域形成的创新集群或创新网络,这些产业领域不受任何一个大公司或几个大公司的控制,而是通过物质流、信息流和技术流,将引擎企业、大量中小企业和初创企业聚集在一起,形成竞争和合作共存的创新网络。高度集中的新兴产业是硅谷成功的一个重要因素。自 20 世纪 50 年代以来,硅谷持续引领半导体、个人电脑、互联网及绿色科技等革命性技术与新兴产业的交替发展,成为全球新技术、新产品、新工艺最为重要且经久不衰的创新发源地。未来上海将在集成电路、人工智能、生物医药等领域拥有世界瞩目的技术优势,加快技术突破,打破欧美日韩等地的核心技术垄断局面,取得具有影响力的重大技术成果和创新产品,引领具有国际竞争力的创新型产业集群发展。

（3）创造安全、便捷和美好的生活。新加坡是全球著名的科创中心，也是亚洲著名的花园城市。新加坡在绿色城市建设过程中，坚持科技创新和以人为本紧密结合，致力于社会可持续发展。日本东京都市圈是全球具有影响力的创新区域，其发起的丰田"编织之城"项目作为一个测试和推进移动、自动化、互联、氢动力基础设施和行业合作的创新空间，使得自动驾驶、出行即服务、机器人、智能家居互联、人工智能等技术在这座城市中发挥最大的作用，用于解决日本普遍存在的老龄化、少子化等问题。未来上海应以科技创新为先导，开展污染防治技术创新、生态保护与恢复技术探索、环境安全监管与管理政策研究、城市安全预防和应急处理体系构建，以科技创新支撑提升城市重大公共卫生应急能力，促进重大慢病防治与老龄健康，为广大人民群众提供营养健康和安全的食品、精准智能和可享的诊疗，让人人享有美好健康的生活。

3. 构建具有全球竞争力的创新生态，建成更高能级的全球性开放创新网络

面向全球、开放发展是全球科创中心建设的内在要求。未来，上海应以更加开放的胸怀和前瞻性的视野，在全球范围内配置创新资源，加强国际科技合作，构建全球创新网络，促进创新资源的内聚外合。

（1）积极与世界接轨，全面提升国际化水平。全球创新人才和机构云集上海，外籍科技人才无论国籍、身份，在出入境、居留和工作中不会遇到任何可感的阻碍。一批全球知名的风险投资机构集聚黄浦江畔，各类科技创业项目排队路演推介，上交所科创板成为全球科技企业的集聚地。国际科学共同体纷纷在上海举办重要学术交流活动，上海各领域领衔科学家成为国际重要学术交流活动的倡导者、组织者和领导者。

（2）成为全球创新要素最密集的创新网络节点。与世界其他创新节点之间的思想切磋、知识流动和技术转移畅通无阻，上海应成为全球研发投入力度最大、科技创新资金最密集的城市之一，最有前景和潜力的科技领域受到重点资助，高风险、非共识的前沿探索也能获得充分支持。在遍及全球的网络支持下，海量高价值科技数据、信息在上海汇聚、流动，开放共享。

（3）打造成为全球创新文化中心。形成独具特色的海派创新文化和人人崇尚创新、人人渴望创新、人人皆可创新的社会氛围，成为全球创新者集聚和向往的理想城市。成为具有全球影响力的科技传播中心，公民科学文化素质全国领先，基础设施体系更加完善，涌现大量科普品牌活动和产品，成为全国科普高质量发展的标杆，拥有具有全球影响力的科技创新文化地标。

（4）实现科技创新治理体系和能力现代化。培育形成富有活力的创新生态，在成熟的科技创新法规制度和政策体系下，各类主体和个人参与科技创新的权益得到充分保障，科技创新活动获得充分支持和激励，科技创新政策更加科学灵活，创新环境更加公平公正、开放包容，知识产权保护全面强化，尊重知识、尊重创造蔚然成风，成为全球城市科技创新治理的标杆和榜样。

（三）核心功能充分发挥

作为大国大城，上海是中国参与国际科技竞争合作的重要依托。加快向具有全球影响力的科创中心进军，强化科技创新策源功能，不仅是上海促进地方经济社会和民生可持续发展的重要路径，也是上海科技创新服务国家战略的使命所在。

（1）高质量完成新时代国家赋予上海的新使命。建设科技强国是我国科技发展的长远目标，我国正加快建设京津冀、长三角和粤港澳大湾区三大世界级创新型城市群，通过培育各具特色的区域创新增长极，引领带动我国科技创新水平整体跃升。作为我国重要的科创中心城市,未来上海的科技创新发展应贯彻"四个新""四个第一""两个一批"的新使命新要求,全面体现科技创新对推动高质量发展、创造高品质生活的支撑作用,为经济发展注入新动能、创造新动力,为建设科技强国贡献上海力量。从全国发展的大格局来看,上海科创中心建设应打造国家科技创新制高点,带动激发知识、技术、数据等新生产要素的活力,以点带面,为推动国家社会主义现代化强国建设提供创新原动力。把上海发展放在国家对长三角发展的总体部署中来看,要求上海更加主动担当作为,依托具有全球影响力的科创中心功能全面实现,发挥科技创新领域的龙头带动作用,进一步发挥长三角一体化发展和上海大都市圈的整体优势,积极推动长三角各地分工合作、贡献长板,把各自优势变为共同优势。

(2)高标准实现上海城市发展的新需求。为实现到2035年全面建设成为社会主义现代化国际大都市和卓越的全球城市的目标,上海亟须依靠科技创新打造产业核心竞争力,依靠科技创新促进城市实现可持续发展、保障城市安全运行、打造更强的抗风险能力,以及提升城市治理能力,依靠科技创新满足人民多样化、个性化、高端化的需求及对高品质生活的追求,为城市发展提供内生新动能。上海建设具有全球影响力的科创中心要有全球视野,将全球趋势动向作为自身提质升级的根本参照。在此基础上,上海需要充分发挥自身功能优势,最大限度集聚全球创新资源,以高水平的资源集聚、要素配置来提升创新潜能,并取得实质性、突破性的成果。上海将聚集世界级科技领袖企业和世界一流大学,并居于全球创新网络的关键节点和枢纽,对全球科技和产业发展产生强大影响力和辐射力。同时,还要寻求进一步的深层突破,不仅瞄准具体成果,更指向范式创新和制度改革,以掌握更大的制度性话语权,从而在全球科技治理中扮演重要角色。在文化层面,建设宽容失败、崇尚冒险、包容异质思维、激励草根精神的创新创业文化。在区域层面,受技术和知识溢出的地理临近性规律支配，存在多个科技创新城市彼此共生的现象，成为辐射区域科技创新发展的核心。

三、发展思路——打造集群、促进联系、营造环境

（一）发展思路

当前国家间的科技竞争已聚焦到全球主要创新型城市和区域之间的较量。作为城市或区域创新的典型代表，科创中心是一个国家综合科技实力的集中体现。党的二十大报告强调，"提升国家创新体系整体效能，形成具有全球竞争力的开放创新生态"，创新生态系统等相关理论为解释和促进上海科创中心的发展提供了重要支撑。首先，上海需要具备完备的与科技创新活动相关的各类要素，包括主体要素、驱动要素及各类支撑要素；其次，各类创新要素相互关联互相促进，实现创新主体的能力达到世界一流，在开放的动态更迭过程中最终形成一个共生竞合、动态演化、开放复杂的创新生态，以抵抗外界环境的扰动，保持可持续发展（见图1—2）。

（二）相关建议

上海实现具有全球影响力的科创中心核心功能，具备全球影响力是总体目标。上海科创中心建设立足国际视野，以"打造集群—促进联系—营造环境"培育上海区域创新生态系统，通过集聚基础要素，培育一流主体，加强连接协同，坚持自主演化和开放构建具有全球竞争力的创新生态。

首先，从构筑高水平人才高地、打造世界一流的研究型大学和科研平台、布局新赛道、培育一流科技企业等方面打造创新集群。深化教育科技人才融合发展，夯实科创中心高端人才底座。聚焦国家重大战略和上海"高精尖缺"人才需求，引育一批获得国际重磅奖项的世界级大师和团队。在全球范围内发掘、遴选顶尖人才，深入实施"火炬计划""人才高峰工程""国际人才蓄水池"等顶尖人才引进计

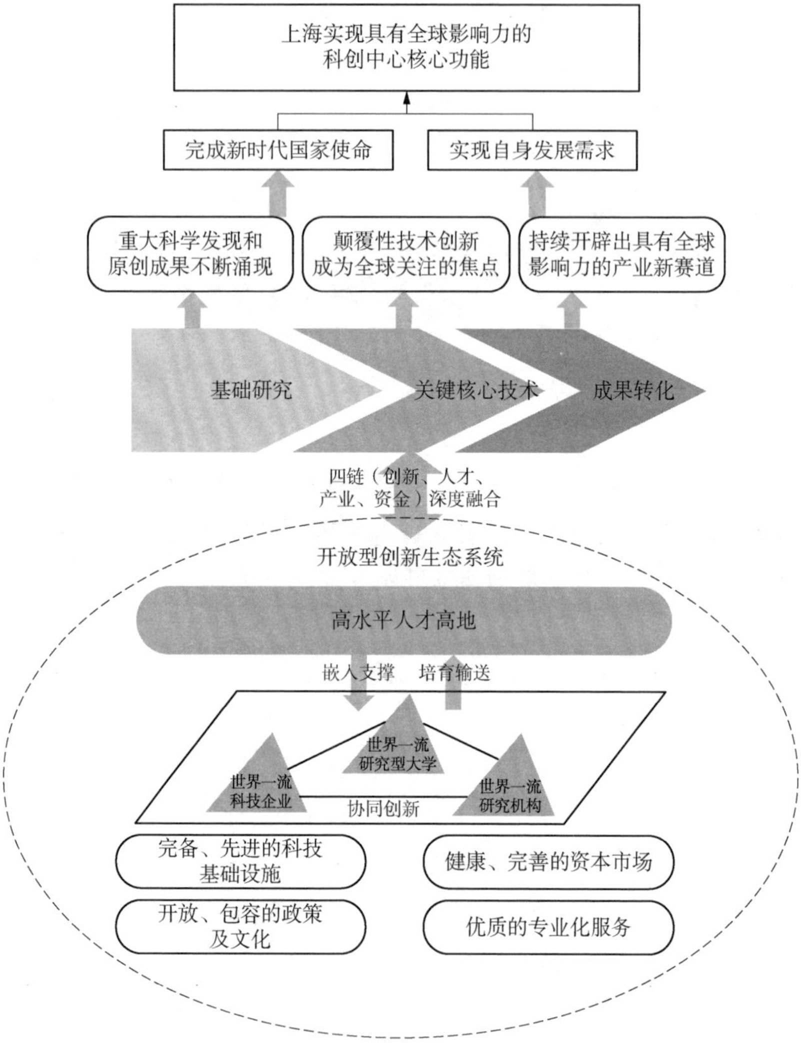

图 1－2　上海实现具有全球影响力的科创中心核心功能的发展思路

划。关注青年科技人才成长，注重发挥青年人才思维活跃、创新能力强的优势，完善青年科技人才培养体系，培育科学、技术和创新领域的拔尖人才。做强机构，打造世界一流的研究型大学和科研平台。

建立以国家实验室为引领，以全国和上海市级重点实验室为支撑的在沪实验室体系。上海高校在基础研究领域已积累一定优势，大科学时代应充分发挥全球规模最大、种类最全、综合能力最强的光子重大科技基础设施群优势。建设一批投入主体多元化、管理制度现代化、运行机制市场化和用人机制灵活化，与科技创新规律相适应，具有国际影响力的研究机构。加快关键核心技术攻关，激活未来产业发展新动能，培育世界一流科技型企业。面向国家重大战略需求和基础薄弱领域，聚焦前沿重点领域，凝练关键核心技术攻关方向，确保紧跟时势，对关键核心技术进行动态摸底、评估和研判。在人工智能、生物医药、集成电路、量子信息、脑科学、空天科技、深地深海等前沿领域布局，联合在沪战略科技力量、本地创新主体、市区两级政府，共同制定路线图，通过路线图凝聚各方共识，推动实现重大科研任务攻关，带动科技领域实现群体性创新。聚焦上海三大先导产业、六大重点产业领域，通过科学评价体系（如创新要素集聚、技术创新策源、产业变革驱动、国际科技竞合、创新生态营造等）及多方评价，遴选若干家科技龙头企业，全力助其成长为国家科技领军企业和世界一流企业。

其次，加强创新链、产业链、资金链、人才链深度融合，拓展国内国外合作伙伴网络并促进深度联系。深入推进"四链"融合，加速创新全链条双向贯通。强化基础研究前瞻性、战略性、系统性布局，坚持"四个面向"，紧密结合上海经济社会发展的重大战略需求，改革从0到1基础研究的资助模式和评价机制，凝练并支持真正有创新意义的科学问题，开辟新领域、提出新理论、发展新方法。支持数学、物理、化学、生物等基础学科的发展，以及脑科学与类脑智能、量子科技、变革性材料、生命调控等战略领域和重大方向，在若干重要基础研究领域获得诺奖级科学成果，打造世界科学策源新地标。实施开放式创新，提高全球创新资源配置能力。推动上海高校与国际知名高校、研究机构、一流学科集群建立研发合作关系，加大与处于重要学术网络、技术网络核心位置的顶尖人才合作。发挥开放优势,深化区域创新协作,拓展国内国际合作伙伴网络,开展高水平的全球科技创新合作与交流,促进跨地域跨领域基础研究合作,增强国际合作和竞争新优势。参加或发起国际科技组织,吸引更多国际科技组织、科技服务机构等落户上海,拓展科技交流合作功能。对标世界一流出版平台,培育一流科技期刊,建设一流科技信息出版集团。

最后,回归生态系统演化的核心,营造少干扰、强服务、少评价,审慎监管的创新环境。打造有为有效的服务型政府,构建现代化创新治理体系。上海政府在建设具有全球影响力的科创中心的过程中,既不能盲目作为,也不能无所作为,应致力于成为有为有效的政府。这是在国家高水平自立自强背景下应对国际科技竞争格局的新要求,也是具有全球影响力的科创中心建设过程中必须解决的一个重要问题。具体需要做到以下两点:一是加快实现具有全球影响力的科创中心核心功能,坚持目标导向,加强顶层设计,解放思想、大胆探索体制机制创新。针对不同技术领域、不同创新阶段,综合运用项目、人才、基地、应用场景、科技金融等政策工具,形成一批更加符合科技创新规律的基础制度,通过提升科技治理话语权来提升上海科技创新发展的形象。二是营造富有韧性的创新氛围,构筑开放的创新生态和创新文化。科技创新具有很大的不确定性,面对百年未有之大变局,区域创新生态系统需要更多样的创新物种、更稳定的创新种群,来适应分布式、自组织的创新范式演化趋势,优化创新物种间的联系,完善创新生态的系统结构。开放是上海最大的优势,为了提升系统内创新主体的生存水平,提高创新主体间的互动水平,创新生态系统应营造自由包容且符合国际通行规则的创新环境。未来上海还要培育和引进更多具有全球链接力的创新主体,整合更多的全球化创新资源,提升自身创新生态系统与全球科创中心城市或区域的融合程度,提升上海在全球创新网络中的能级。

第二章

主体支撑：加快建设国家战略科技力量

国家战略科技力量是国家创新体系的重要组成部分。战略科技力量在科技创新体系中发挥引领作用，与基础科技力量、区域科技力量、产业科技力量等互为补充，与国家安全、实体经济和民生需求实现良性循环。加快培育国家战略科技力量是新形势下我国应对大国博弈、建设世界科技强国的重要抓手，是上海应对国际经济科技竞争格局深刻调整，把握新一轮科技革命和产业变革机遇，催生新发展动能，支撑经济社会高质量发展，引领科技创新体系效能提升的必然要求和关键举措。

第一节 国家战略科技力量：内涵特征与时代要求

一、国家战略科技力量的构成及特征

（一）国家战略科技力量的内涵演变

"战略力量"一词原用于国家安全和军事领域，是指关系到国家安危和军事成败的决定性力量（樊春良，2021）。第二次世界大战期间，以青霉素、原子弹、雷达等为代表的科学技术成为战争胜负的决定性力量，参与这些关键科技领域探索、研发、应用的科学家、工程师

群体以及相关组织和机构成为国家的战略科技力量。第二次世界大战后，科学技术成为维护国家安全与发展以及各国力量制衡的重要因素，关系到国家安全与发展以及国际竞争胜负的决定性科技力量成为战略科技力量，并以国家战略目标为主导进行建设和发展。

国家战略科技力量与国家的发展战略、发展阶段及国际竞争形势密切相关，具有一定的稳定性，同时又随着国家战略目标和国际竞争形势的变化不断演进。

从世界范围看，国家战略科技力量在第二次世界大战中产生，并在战后进一步发展，一般以国立科研机构和国家实验室为主要组织形式，开展以维护国家利益和实现国家目标为主的研究。在国际竞争演变中，国家战略科技力量不断进行调整和扩充，在国家战略和任务导向下，大学以及某些高水平企业实验室也成为承担重要科研任务的战略科技力量。

冷战初期，美国等国开始体系化建设国家战略科技力量。各国政府基于原有国立科研机构的架构，大力资助研究与发展某类大项目，在诸多领域建立了军用和民用大型国立科研机构，研究型大学也开始快速发展。其中，国家实验室作为受国家资助、依赖大型实验设施、围绕多学科开展重大科学问题研究的大型科研机构，起到了突出的作用，如美国建立的国家实验室体系。随着美苏争霸愈演愈烈，美苏太空竞赛推动了国家战略科技力量的进一步发展，美国成立了国家航空航天局、国防部高级研究计划署等机构，加强了国家科技力量的组织和动员。

20世纪70年代末，国家战略科技力量的发展出现了公私合营的新模式。从第二次世界大战破坏中恢复过来的日本，开始与美国在半导体、计算机和其他电子设备等高技术领域展开竞争；80年代，日本在半导体、工程机械和机器人等技术领域超过美国，开始占据世界领先地位。其中，日本通产省组织的超大规模集成电路项目和美国组建的半导体制造技术战略联盟推动了半导体技术的发展,是政府与私营部门合作共同推动科技发展的典范。前者以新的研究组织方式,使互相竞争的公司联合起来,共同研发关键技术,创造了新的合作模式,即通过政府主导的国立科研机构与私营公司的合作,实现技术共享,成本共担。在此阶段,全球重要技术和产业竞争激烈,由政府组织的公私机构联盟中公私双方核心科技力量的联盟,可被看作是为了赢得国际竞争而组建的新的国家战略科技力量。

(二) 我国国家战略科技力量的内涵特征

从我国实现高水平科技自立自强、建设世界科技强国的战略要求来看,国家实验室、国家科研机构、高水平研究型大学、科技领军企业都是国家战略科技力量的重要组成部分。区别于一般意义的全国重点实验室、高校、科研院所和企业,高水平科技自立自强视角下的国家战略科技力量与传统追赶模式下国家战略科技力量的评价标准不同,有着全新的内涵和特征。

一是使命定位高。国家战略科技力量不是分散地单纯以市场化的方式开展创新活动,而是站在国家战略全局的高度,自觉承担国家高水平科技自立自强的使命和战略任务,致力于解决与国家科技安全、产业安全、国家发展、国计民生等相关的根本性重大问题,而不仅仅局限于某个区域和行业。

二是组织模式新。国家战略科技力量不再是单一地依靠自由探索式的科研组织模式,而是以国家重大使命和战略任务为引导,体系化、协同式、有组织地推进科研,开展前沿技术、关键核心技术攻关。

三是能力组合强。国家战略科技力量需要在原始创新能力、联合攻关能力、应急保障能力、成果辐射带动能力、创新发展驱动能力、国际科技竞争能力等一个或多个方面代表国家水平,具有不可替代的作用。

四是技术领域准。作为科技强国建设的国家队,国家战略科技力量需要聚焦关键共性技术、前沿引领技术、现代工程技术、颠覆性技术以及未来产业技术等技术领域,打基础、补短板、强能力、抢先机。

五是创新成效实。检验国家战略科技力量建设成效的指标要突出在前瞻性基础研究和引领性原创成果方面取得重大突破,在开辟新科学领域方向、构建新科学理论体系上做出重大贡献,成为重大原始创新策源地,能够有力和有效地持续提升国家创新体系整体效能和产出,能够持续引领世界科技发展,能够为创新引领发展提供先行先试的经验借鉴。

二、国家战略科技力量的功能与使命

世界科技强国竞争,比拼的是国家战略科技力量。国家战略科技力量代表了国家科技创新的最高水平,是国家创新体系的中坚力量,是促进经济社会发展、保障国家安全的"压舱石",也是建设具有全球影响力科技创新中心的主力军和旗舰队。

国家实验室按照"四个面向"的要求,紧跟世界科技发展大势,适应我国发展对科技发展提出的使命任务,多出战略性、关键性重大科技成果,并与全国重点实验室结合,形成中国特色国家实验室体系。

国家科研机构以国家战略需求为导向,着力解决影响国家发展全局和长远利益的重大科技问题,加快建设原始创新策源地,加快突破关键核心技术。

高水平研究型大学把发展科技第一生产力、培养人才第一资源、增强创新第一动力更好结合起来,发挥基础研究深厚、学科交叉融合的优势,成为基础研究的主力军和重大科技突破的生力军。强化研究型大学建设同国家战略目标、战略任务的对接,加强基础前沿探索和关键技术突破,努力构建中国特色的学科体系和学术体系,为培养更多杰出人才做出贡献。

科技领军企业发挥市场需求、集成创新、组织平台的优势,打通从科技强到企业强、产业强、经济强的通道。以企业牵头,整合集聚创新资源,形成跨领域、大协作、高强度的创新基地,开展产业共性关键技术研发、科技成果转化及产业化、科技资源共享服务,推动重点领域项目、基地、人才、资金一体化配置,提升我国产业基础能力和产业链现代化水平。

三、新时期国家战略科技力量建设的新要求

(一)应对国际经济科技竞争格局深刻演化

世界经济科技竞争格局发生重大变化,国际体系和国际秩序深度调整,国际力量对比呈现趋势性变迁。随着新兴大国在科技创新领域的全面崛起,发达国家不断利用单边主义、保护主义、民粹主义对抗创新全球化,制约后发国家竞争力提升,科技创新制高点的争夺进入了白热化阶段。基于科技创新的国际竞争越来越激烈,科技创新愈加成为发达国家继续保持国际竞争优势的关键。与此同时,我国在关键领域暴露出科技短板,关键核心技术和部分零部件领域"卡脖子"现象短期仍难缓解,甚至严重威胁到国家发展和国家安全。大国博弈的直接对抗要求在国家战略需求方面具备自主创新能力,要求经济发展的动力转向创新驱动,要求在关键领域形成能力的集中突破,因此,强化国家战略科技力量显得异常迫切,摆脱"卡脖子"等现实困境,是掌握战略自主权、实现科技自立自强的必然要求。

(二)把握新一轮科技革命和产业变革机遇

新一轮科技革命和产业变革将全面重塑全球发展版图以及国家和地区间的竞争格局,影响世界地缘竞争态势。科技创新的多领域交叉融合、集群突破、系统集成不断积累,科学发现、技术发明和产业发展一体化进入新阶段。国际竞争向基础研究竞争前移,科学探索交叉融合汇聚加速,大规模协同创新不断拓展创新前沿,推动重大科

学问题的解决。技术发展呈现多技术融合驱动开发趋势,更多颠覆性创新成果正在加速改变经济结构和社会形态,技术与产业深度融合将不断打破创新边界,创新周期不断缩短。应对新科技革命的快速演进、创新范式的变革,亟待强化国家主导,在战略关键领域系统谋划、整合资源,优化国家战略科技力量布局,增强科技创新的体系化能力,把握新一轮科技革命和产业变革的机遇。

(三) 支撑经济社会实现高质量发展

从我国的发展阶段看,强化国家战略科技力量是实现高质量发展的需要。国家战略科技力量的发展关系到我国综合国力和国际竞争力的提升,也是促进经济社会发展、保障国家安全的"压舱石"。以高质量科技供给助推经济高质量发展,对科技力量建设提出了更高、更迫切的要求。经济社会高质量发展一是需依托科技创新改善要素资源投入结构,提高资源利用效益,提高全要素生产率,在人口老龄化和自然资源约束下提高经济发展的质量和效益;二是需依托科技创新研发新技术、创造新产品、提供新服务、形成新优势,以全面提高经济发展活力和市场竞争力;三是需通过科技创新缓解资源环境与社会发展之间的矛盾,实现产业升级,保持经济发展可持续。

第二节 国家战略科技力量建设:典型案例及国际经验

一、典型案例

(一) 国有民营:美国劳伦斯伯克利国家实验室

劳伦斯伯克利国家实验室(简称"伯克利实验室")由 1939 年诺贝尔物理学奖得主、加州大学伯克利分校物理学家欧内斯特·奥兰多·劳伦斯(Ernest Orlando Lawrence)教授于1931年建立。该实验室致力于开创性的基础科学技术研究,历史上共产生16位诺贝尔奖获得者和17位国家科学奖章获得者。伯克利实验室2023年年报数据显示,实验室现有3663位雇员、1781名科学家和工程师、242个合作单位、503名博士后研究人员和14000名全球设备用户。

伯克利实验室实行的是政府所有、委托经营的管理模式,即国有民营模式。在此模式中,实验室的土地、研究设施和主要经费由政府提供,而管理工作由政府通过合同委托给企业、大学或非营利机构等承包商负责,政府不直接干预实验室的具体运行。加州大学的董事会通过与美国能源部签订协议负责伯克利实验室的管理和运行,董事会委托加州大学的校长负责伯克利实验室的具体管理,加州大学的校长向董事会推荐伯克利实验室的主任,经董事会授权后正式任命。

伯克利实验室内部管理的主要制度是主任负责制,主任负责实验室所有的日常事务,并指导领导层面的工作。在实验室最高领导层的领导下,实验室下设很多学术部或研究中心,如生物科学部、能源与环境科学部、计算机科学部等。领导层包括实验室主任一位和副主任两位(见图2-1)。实验室主任由加州大学直接任命,并不一定是加州大学伯克利分校教授。由于实验室主任通常是空降到伯克利实验室进行管理的,在科研和管理等方面会有一定的间断性,需要有经验的实验室副主任支持其工作。

伯克利实验室的顾问委员会独立存在,负责向加州大学的校长提出关于伯克利实验室运行方面的建议,并负责评估加州大学校长对伯克利实验室开展科研任务和运行情况的监管和支持情况。顾问委员会的成员任职期限为三年,每三年更新一次,委员会每年召开两次全体会议。

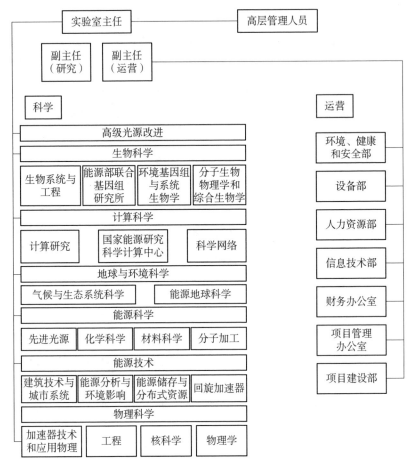

图 2-1 美国劳伦斯伯克利国家实验室组织结构示意图

(二) 民办公助:德国弗劳恩霍夫应用研究促进协会

第二次世界大战后,联邦德国为加快经济重建和提高应用研究水平,帮助德国中小企业走出战后阴影、实现经济复苏,创建了弗劳恩霍夫应用研究促进协会(简称"弗劳恩霍夫协会")这一大型应用科研机构。该协会是 1949 年由 103 名德国产业界、科技界、政府界的人士在慕尼黑发起成立的公益协会,以德国历史上著名的科学家、发明家和企业家约瑟夫·冯·弗劳恩霍夫(Joseph von Fraunhofer, 1787—1826)命名。截至 2023 年,弗劳恩霍夫协会在全球有 80 多个研究机构,在德国本土拥有 76 家研究所及其他独立研究机构,拥有 3 万余名科研人员和工程师,年度研究总经费超过 29 亿欧元,聚焦能源技术和气候保护、资源技术和生物经济、信息与通信技术、健康科学、光和表面技术、材料与组建材料、微电子技术、生产制造技术八大领域,是德国乃至欧洲地区最大的应用科研机构。弗劳恩霍夫协会的历史使命是进行出色的研究、科研成果产业化应用和培养高水平的研究人员。

弗劳恩霍夫协会实行去中心化的管理模式,具有非常浓厚的现代企业化管理特色。在德国本土的研究所均设立于全国各地高校,研究所在业务开展、科研经费使用、人员雇佣等方面享有较大自主权。协会科研人员主要是大学教授和在校学生。科研人员实行固定岗和流动岗相结合的人员管理方式,只有在研究所连续工作 10 年以上的专业人员才可能得到固定岗的职位,其余大多数科研人员都是合同制员工,一般签订 3~5 年定期合同。

从法律地位和机构性质来看,弗劳恩霍夫协会是民办公助的非营利科研机构。"民办"是指协会不隶属于任何一个政府部门,突出了其在法律地位上的独立性及非营利性,独立性有效保证了协会拥有较大的决策自主权,而非营利性则帮助其有效找准了自身在国家创新体系中的位置,既不会满足于为学术而学术,也不会因为过度介入市场而迷失科研方向。"公助"是指政府部门为其提供基本的运行经费,以及协会下属的各个研究所通过竞争取得政府的科研项目。

从研究领域和取向来看,弗劳恩霍夫协会高度聚焦应用导向型研究。协会在创立之初就将自身定位为技术商业化应用,这一战略贯穿于协会发展的始终。协会聚焦于支撑产业发展的共性技术研发,在国家创新链条中处于基础研究、与产品直接相关的技术开发工作两者之间，努力成为连接两者的关键环节，使政府、企业双方都愿意为其提供支持，协会的工作团队、管理层、各资助机构、客户群体都十分清楚协会的目标。在理想情况下，弗劳恩霍夫协会与德国另外三大科研机构（马普学会、亥姆霍兹联合会、莱布尼科学联合会）肩负不同使命，通过协调互补相互配合，形成德国研究开发的整体力量。

（三）协同共建：比利时微电子研究中心

比利时微电子研究中心成立于 1984 年，是比利时联邦政府与弗拉芒大区政府共同支持的国立科研机构。该研究中心将其使命定位为"在微电子技术、纳米技术以及信息系统设计的前沿领域对未来产业需求进行超前 3～10 年的研发"。研究中心聚焦全球微电子及相关领域的关键共性技术研发，形成以关键前沿技术项目集而不是以单元产品开发为导向的项目驱动战略。这些项目集可以成为产业技术研发突破核心平台的强大载体。

研究中心在全球半导体行业备受推崇，与 IBM 和英特尔并称全球微电子领域"3I"。研究中心的核心科研合作伙伴囊括了几乎全球所有顶尖信息技术公司，如英特尔、IBM、超威半导体、索尼、台积电、西门子、三星、爱立信、诺基亚等，与 600 多个世界领先的行业合作伙伴和全球学术网络组成了强大的创新生态系统。近年来，在比利时微电子研究中心等研发平台和产业伙伴的支持下，以阿斯麦公司为代表的欧洲光刻机产业巨头崛起，并引领全球集成电路工艺技术不断成为新的创新里程碑。

比利时微电子研究中心为非营利性组织，没有股东，为保证中立性，同时协调政府、大学和企业的关系，其最高决策层是产学研结合的理事会，来自产业界、当地政府和当地高校的代表人数各占 1/3。该研究中心邀请国际知名学者和企业高管组成科学顾问委员，提供科技咨询建议。研究中心理事会下设执行委员会负责具体管理工作，执行委员会共有 8 名委员，均由理事会任命，相对稳定，40 年来只任命了 3 位总裁。研究中心具体业务部门随研究方向调整而频繁变动,由研究中心国际负责监管全球各中心,在同一框架内协调各分中心共享科技资源和技术成果(见图 2-2)。

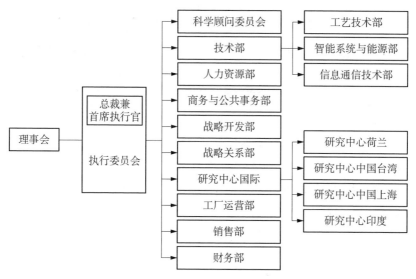

图 2-2　比利时微电子研究中心组织结构图

资料来源:胡开博,苏建南.比利时微电子研究中心 30 年发展概析及其启示[J].全球科技经济瞭望,2014,29(10):52-62.

二、国际经验

通过对国际典型战略科技力量的分析可以发现,发达国家推进国家战略科技力量的建设和发展具有一些共性特征,其成功的做法和经验值得借鉴参考。

(一)稳定的财政支持

国家战略科技力量最为明显的特征即以国家战略任务为导向,为关键核心技术突破提供有力的公益性质支持。对其研究工作的资助应以国家财政投入为主,只有稳定的国家支持,才能使科研人员集中时间和精力潜心科研工作,这有利于资源的合理化配置和充分利用,也有助于消除浮躁心态,提升科研攻关的效率。如果仅依靠科研人员项目经费与仪器测试收费解决平台的运行经费,势必会使大量处于起步阶段的基础性研究和要求大量重复性实验的科研工作无法进行,导致平台失去应有的功能。这是科技发展的自身规律,也是体现国家目标和国家意志、加强国家宏观调控的方式。

(二) 鲜明的战略定位与研究目标

国家战略科技力量的主要研究任务是围绕国民经济和社会发展目标,解决复杂的、偏中长期的重大科学和技术问题,通过前沿科学研究和创新研究为国家发展提供长期的、战略性的技术储备和支持。国家战略需求中的科学问题往往是综合的、复杂的重大科研任务,具有学科交叉融合、规模较大、综合功能较强等特点,需要以明确的战略目标引导组织综合交叉的"大兵团"作战,同时配套大型实验设施予以支持。

(三) 注重人才的集聚和培育

国家战略科技力量的建设本质上要依靠人才。国外先进机构的发展尤其重视对国际高水平人才的吸引集聚和对国内青年人才的培育。打造国家战略科技力量,需依托高水平的科研设施及大科学装置,为原始性创新提供跨学科、自由宽松的学术思想交流、碰撞和竞争合作的环境,广泛吸纳国内外一流科学家,同时积极培育兼具国际化视野的青年人才。

(四) 独立客观的自主决策权

以实现关键核心技术突破为使命的国家战略科技力量,依据科研任务的具体特性,往往以项目组合的形式或组建具体平台机构来完成国家战略任务。其实体在法人制问题上可以灵活操作,实事求是,但原则上需保持相对独立,在人才引进聘用、资金使用、资产购置管理方面享有较大的自主性和选择空间,目的是以最高的效率集合最有效的创新资源,实现急难险重的问题突破。

(五) 实现创新资源的开放共享

大型集中研发平台有效支撑各领域的大规模研发活动,催生重大发现和重要突破,科学数据开放共享也已成为各国抢占大数据战略高地和保持国家竞争力的核心举措。具备国家重大科学工程和大科学装置的国立科研机构,在大型科研设施建设之初就需考虑开放和共享问题,并在具体执行中依靠制度开放进一步促进和扩大开放共享。

(六) 权责分明的成果转移转化机制

加快关键核心技术攻关,需要集结国家战略科技力量组建高效的协同攻关体系,对各创新主体在协同创新中涉及的成果共享和利益分配问题,需要提前做好制度设计。在重大项目实施前,对可能的利益冲突进行研判,预先设计权责清晰的合作规则,建立对知识产权等成果的现代化、科学化管理机制。根据产出来源和贡献程度对关键知识成果的归属进行明确划分,充分考虑各创新主体的核心利益诉求,促进风险共担、成果共享的关键核心技术联合攻关体系建设。

第三节　在沪国家战略科技力量：现状基础与建设成效

近年来,在沪国家战略科技力量保持内涵式增长,战略科技力量体系进一步壮大,国家实验室、科研机构、研究型大学、创新型领军企业"四路大军"与国际大科学工程和大科研基础设施互助发展,打造了体系化国家战略科技力量。

一、在沪国家实验室体系初步形成

根据上海科学技术委员会发布的《2023 上海科技进步报告》，截至 2023 年，上海共有国家实验室 3 家、全国重点实验室 35 家、上海市重点实验室 184 家，在沪国家实验室资源位于全国第一梯队，形成了领域覆盖广、梯次进阶的实验室体系。

（一）国家实验室高质量建设运行

国家实验室是国家组织开展基础研究和应用基础研究、聚集和培养优秀科技人才、开展高水平学术交流、具备先进科研装备的重要科技创新基地，是服务支撑国家科技创新的战略性力量。近年来，上海加快创新资源要素集聚，统筹布局重点实验室建设，在沪国家实验室及基地稳步推进。作为国家实验室的重要支撑，光子大科学设施群建设取得积极进展，硬 X 射线自由电子激光装置完成关键部件及装备研制重大节点任务并顺利通过中期评估，软 X 射线试验装置通过国家技术验收，光源二期线站加快建设。

（二）有序推进全国重点实验重组建设

上海高校数量在全国占据领先地位，依托高校建立的全国重点实验室数量也位居全国前列。根据全国重点实验室重组安排，上海聚焦前沿突破，牵头完成重组 26 家，新建 9 家，参与外省市重组 17 家。依托实验室体系的重大科技基础设施集群正加快建设，已建和在建重大科技基础设施 15 个，覆盖光子科学、生命科学、海洋科学、能源科学等领域，已建成的大设施技术总体达到国际先进水平。

（三）上海市级重点实验室体系不断扩大

聚焦前沿突破，统筹布局上海市级重点实验室建设。上海量子科学研究中心面向量子科技重点领域开展重大创新任务布局。上海清华国际创新中心完成 8 个专业实验室建设；脑科学与类脑研究中心紧密对接脑科学国家 2030 重大专项，启动"求索杰出青年"计划；

上海期智研究院围绕人工智能、密码学、高性能计算等前沿交叉领域布局了一批原创项目；上海树图区块链研究院在重大研究任务凝练等方面取得积极进展；上海市人工智能创新中心等加快组建；上海国家应用数学中心被列为首批国家应用数学中心。

二、高能级国家科研机构加速集聚

（一）中国科学院在沪院所凝聚高能级科技创新资源

中国科学院在沪院所技术储备优势显著。中国科学院现有 19 家机构在沪，其中法人单位 16 家，并有 13 个全国重点实验室、39 个中国科学院重点实验室，以及中国科学院上海教育基地、中国科学院上海国家技术转移中心、中国科学院上海交叉学科研究中心。各研究所学科领域广泛，在物质科学、信息科学、生命科学等优势研究领域有着长期的积累，并获得了丰硕的科研成果。

一方面，中国科学院在沪院所凝聚和培养了一大批优秀的科技创新人才。现有一支 11516 人的科研、管理和支撑队伍，其中专业技术人员 10380 人，高级研究人员 4590 人。目前拥有的高端人才队伍中，中国科学院院士 53 人，中国工程院院士 12 人，美国国家科学院外籍院士 1 人。另一方面，中国科学院在沪院所的科研服务平台积极参与上海的经济社会发展，推动上海光源、国家蛋白质科学研究（上海）设施、硬 X 射线自由电子激光装置等一批重大科技基础设施建设，并主动参与长三角城市群协同创新网络构建，推进和部署一批研发与转化功能型平台，成为上海创新策源地建设的核心骨干力量。

（二）高水平新型研发机构建设持续推进

为适应新时代科技创新发展需要，上海设立了一批新型研发机构，凝聚和培养了一大批优秀的科技创新人才，聚焦世界一流基础科学研究，以科技创新策源为目标，探索基础研究与应用基础研究融合机制，与上海重点领域深度耦合，积极参与上海科技创新发展。上海先后启动建设了李政道研究所、上海量子科学研究中心、上海脑科学与类脑研究中心、上海清华国际创新中心、上海应用数学中心、上海期智研究院、上海树图区块链研究院、上海浙江大学高等研究院等一批代表世界科技前沿领域发展方向的新型研发机构，组建了上海集成电路材料研究院、上海处理器技术创新中心等高水平研究机构。

（三）大科学计划和大科学工程集聚发展

面向世界科技前沿和人类共同挑战，上海依托高水平科研机构牵头发起和积极参与一批国际大科学计划和大科学工程，聚焦天文、海洋、生命科学等基础研究和应用基础研究领域，通过持续科研布局和搭建平台，实施高峰人才计划、国际科技合作伙伴计划等，布局培育和推动有条件的主体探索牵头发起和积极参与国际大科学计划与大科学工程。国际人类表型组、脑与类脑智能、脑图谱、量子信息技术等上海市级重大专项深入实施，实现了一批重大技术突破。由中国科学院上海脑智中心蒲慕明院士领衔并推进发起的全脑介观神经联接图谱大科学计划中国工作组正式成立，明确了计划推进路径。

（四）重大科研基础设施集群效应显现

当前在上海布局的重大科技基础设施共 15 个，投资近 200 亿元，覆盖光子科学、生命科学、海洋科学、能源科学等领域，数量约占全国的 1/3。张江作为上海科创核心功能区，已建成大设施技术集群，创新成果已具备一定国际影响力，世界级大科学设施集群已初步成型。其中，中国科学院上海天文台正积极争取建设国际 SKA（平方千米阵列射电望远镜）区域中心，以提升我国在国际 SKA 组织中的话语权和决策权。

三、高水平研究型大学加快建设

（一）高水平研究型大学成为基础研究主力军

上海在高校学科建设方面国际排名稳定靠前，在基础研究，如数学、物理等领域，上海高校已经发展出了一批具有一定国际影响力的优势学科。上海持续推进世界一流大学和一流学科（简称"双一流"）建设，全市 15 所高校 64 个学科入选全国第二轮"双一流"建设高校及建设学科名单，其中 4 所为"一流大学建设 A 类"高校。根据"2023 软科中国最好学科排名"，全国前 10 的高校中上海入围 2 个，50 个学科入选软科"中国顶尖学科"，占全国 16％，居全国第二。上海 15 所高校 356 个学科点入选"2023 软科中国最好学科排名"，位列全国第三，其中顶尖学科排名占全国 15.9％。根据 2023 年基本科学指标数据库（Essential Science Indicators，ESI）学科排名，上海入围全球前百分之一、千分之一的 ESI 学科数分别为 171 个、33 个，3 个学科进入全球前万分之一，总体上前百分之一的学科总数保持稳定增长，位居全国第三。根据 2023 年 QS 世界大学学科排名，上海上榜高校学科总数 58 个，位居国内第三。

（二）高校创新策源能力持续提升

上海高校是实验室体系的重要建设力量，依托实验室建设为原创新成果输出提供了重要基础设施保障。截至 2023 年，上海高校牵头建设 8 个国家重大科技基础设施，依托高校建设的 25 家全国重点实验室完成重组，由华东理工大学牵头组建的国家流程制造智能调控技术创新中心获科技部批复。同济大学正努力争取成为国际大洋发现计划的科学执行中心，建设该计划第四个岩芯实验室，使我国成为与美、日、欧并列的国际大洋钻探牵头方之一。复旦大学正积极探索牵头发起国际人类表型组计划，目前已经建成世界首个跨尺度、多维度人类表型组精密测量中心和国际人类表型组研究协作组。同时,为推动基础研究高地建设,上海高校布局建设了上海市前沿科学研究基地 30 个、上海市协同创新基地 42 个。

四、科技领军企业引领带动作用明显

创新型企业是引领全球研发创新的主体。根据《2023 年度欧盟产业研发投入记分牌》(*The 2023 EU Industrial R&D Investment Scoreboard*)的统计,2022 年全球研发投入前 2500 家企业中,上海入选企业数量呈现了较快的增长态势,由 2019 年的 49 家增长到了 2022 年的 70 家,科技创新企业发展迅速。表 2-1 列举了上海入选前 10 名的企业。截至 2022 年,上海高新技术企业快速增长至 2.2 万家,78 家上海企业登陆科创板,市值 1.3 万亿元,居全国第一。累计设立跨国公司地区总部 891 家,外资研发中心 531 家,继续保持内地跨国公司地区总部最为集中城市的领先地位。

表 2-1   入选《2023 年度欧盟产业研发投入记分牌》上海企业前 10 名

世界排名	上海排名	名称	行业	研发投入(百万欧元)	研发强度(%)
70	1	上汽集团	汽车与零部件	2 800.36	2.98
98	2	宝钢股份	冶金与化工	2 288.22	4.68
160	3	蔚来	汽车与零部件	1 409.58	21.32
163	4	拼多多	媒体与互联网电商	1 393.69	7.95
172	5	上海建工	建筑及材料加工	1 354.42	3.56
202	6	携程集团	旅游及休闲设施	1 119.41	41.62
251	7	复星国际	医药与生物技术	856.16	3.64
314	8	中芯国际	技术硬件与设备	687.32	10.08
331	9	上海电气	机械与电气工程	640.44	4.19
332	10	哔哩哔哩	软件与计算机服务	639.54	21.76

数据来源:根据《2023 年度欧盟产业研发投入记分牌》数据整理统计。

　　上海科技创新领军企业的结构逐步优化,新行业新领域展现巨大发展潜力。2019—2023 年的《欧盟产业研发投入记分牌》显示,上海入选企业主要集中在 ICT 和健康产业领域,还覆盖了旅行与休闲、工业金属与采矿、汽车与零部件、建筑与材料、一般工业制造等领域。前 10 名中,5 家为生物医药、互联网等新兴产业,5 家为汽车、基础设施建设、冶金化工等传统工业。传统国有企业在研发投入方面保持优势,生物医药、半导体、新能源汽车、ICT 等领域涌现出不少领军企业,研发投入和平均研发投入高,创新溢出效应明显,带动相关创新生态体系活跃。

　　上海入选《2023 年度欧盟产业研发投入记分牌》的全球 2 500 强企业数量有所增长,但总体呈现数量少、研发强度低、排名靠后的特点(见表 2-2)。各个 500 名分段都有 10～16 家企业,整体排名均有所上升,上汽集团与宝钢股份两家入选百强企业。上汽集团、宝钢股份、蔚来、拼多多、上海建工、携程集团、复星国际、中芯国际、上海电气、哔哩哔哩、中茵股份、中国船舶 12 家企业入选全球研发投入前 500 名榜单。上海在 ICT、健康产业领域呈现出企业数量多、研发投入强度高的特点,总体研发投入持续增强,但上海仍然缺少研发投入标杆性企业。

表 2-2　2022 年上海入选企业在记分牌中排名区段分布

排名段	企业数量	该段企业数量占比(%)
1～100	2	2.94
1～500	12	17.65
501～1 000	10	14.71
1 001～1 500	16	23.53
1 501～2 000	16	23.53
2 001～2 500	14	20.59

资料来源:根据《2023 年度欧盟产业研发投入记分牌》数据整理。

在行业分布上,上海入选企业呈现出了整体分布广泛、部分领域集中的特点。其中,以计算机和通信技术为代表的信息行业企业达到了24家,占比超过了上海入选企业总数的1/3;生物医药行业企业达到了14家,占比1/5;超过四成企业属于传统的基建、地产、冶金、机械、化工等领域,企业数量达到了32家。总体来看,来自ICT、健康产业领域的企业数量较多,但行业平均投入强度远远低于旅行与休闲、工业金属与采矿、汽车与零部件、建筑与材料、一般工业制造等领域。

第四节　上海国家战略科技力量建设：战略任务与实现路径

强化国家战略科技力量不仅符合国家实施创新驱动发展战略的需求,也与上海国际科创中心建设的战略目标相契合,具有相互协同的促进效应。强化国家战略科技力量既是上海的使命,也是上海发展的机遇。新时期,上海需要立足自身优势,结合产业发展需求,统筹布局科技创新,通过建设一支体现国家意志、服务国家需求、代表国家水平的"国家队",通过发挥国家战略科技力量的骨干引领作用,全力支持上海国际科创中心建设。

一、使命驱动下的主动策略制定

作为我国区域创新高地,上海建设具有全球影响力的科创中心首要定位是以高水平科技自立自强为核心内涵,担负起国家战略科技力量承载地的重要使命,聚焦"四个面向",强化创新策源能力,持续产出重大创新成果。上海强化国家战略科技力量应立足国家总体布局与上海发展需求双重定位,持续推动科技创新与体制创新双轮驱动,加快内生发展与对外开放双向联动,激发各类创新主体内生动力、多类型创新要素循环活力,推动国家战略科技力量与区域战略科技力量协同构建新发展格局、共同融入全球创新体系。新时期上海强化国家战略科技力量的总体发展思路主要包括以下几个方面。

(1)贯彻国家意志。以支撑科技自立自强为根本使命,坚决贯彻落实事关国家安全、国家发展、国计民生的国家战略,致力于解决关系国家全局和长远发展的基础性、战略性、先导性和系统性的重大科技问题,为提升我国科技国际竞争力提供支持。促进央地紧密协同,更好谋划长远的战略布局,进行高水平的部市合作。设定合理的研发目标、制定科学的技术路线(多路径备份)、配置合适的科技力量、建立高效的组织机制。

(2)主动担当作为。上海应主动适应国家发展战略、对接国家需求,积极整合力量,争取战略主动,力争在"科学新发现、技术新发明、产业新方向、发展新理念"方面率先突破。在战略全局、战略领域、战略能力、战略影响方面开展前瞻性、创新性研究,发挥上海在创新力、保障力、引领力等方面不可替代的作用,发挥上海国家战略科技中坚力量的独创性贡献,增强国家科技实力和国际竞争力。

(3)凸显上海优势。有效发挥上海国家战略科技力量"系统布局、产业牵引、功能整合、区域协同"的优势。上海在光子、生命科学等前沿领域已建成全球最新一代、全国规模最大的大科学设施群,应进一步凸显生命科学、物质科学、应用数学、空间科学等底层科技力量的特点,形成国防力量突破口、基础研究主阵地、战略产业发展新基础,有效协同长三角力量,整合全球创新力量,培育战略纵深,集聚世界顶尖人才,夯实力量核心。

(4)强化特殊支持。加强对有限的战略科技力量的优先支援和保障,给予倾斜式的特殊制度设计,完善国家战略科技力量发展的资源配套及保护机制,塑造有利态势。

二、战略引领下的前瞻任务布局

上海强化国家战略科技力量的战略任务要以上海使命为导向，面向世界科技前沿、面向国家重大需求、面向经济主战场、面向人民生命健康，重点围绕国家战略有需要、上海有条件、国际协同要求高的领域，聚焦补短板、增优势、强能力的领域，在国防建设、重大科技任务、重大工程建设、突发事件应急处理，尤其在关键领域、"卡脖子""新赛道""急难险重"等重要环节，承担探索世界科技前沿的重大命题，突破关键核心技术和颠覆性技术，攻关解决系统性产品或重大工程，全面提升上海创新策源能力。具体战略任务可分解为以下四类。

一是面向科技前沿的战略任务重在通过前瞻性、颠覆性领域的原发性突破，形成以跨越式发展为使命的科技力量，具有不确定性、非共识性、探索性等特点，应探索实施项目专员制，实施滚动支持、动态调整的项目支持方式。

二是面向国家重大战略需求的任务以保障国家在某些特殊领域所需为使命，需要通过较为稳定的科研活动，解决大规模、长期性、高投入、跨学科的问题，并进行资源、人才和知识的持续积累，建议实行揭榜挂帅、军令状、里程碑式考核等管理方式。

三是面向国民经济社会发展的任务重在加强科技与产业的联系，促进科研成果的转化和应用，应提高企业在项目凝练设计中的参与度，需探索完善悬赏制、赛马制等管理方式，支持行业领军企业牵头实施链主制攻关。

四是面向国民生命健康的战略任务主要应对科技防控公共卫生、重大灾害等城市重大安全风险，建立完善应急技术攻关机制以及决策高效、响应快速的科技任务扁平化管理机制，并在常态化建设中加快促进科技任务管理的数字化转型，保障应急时期的任务管理效能。

　　新时期上海强化国家战略科技力量的任务需在国家战略的引导下,组织国家实验室以及中国科学院在沪院所、高水平研究型大学、全国重点实验室和科技领军企业等各类在沪国家战略科技力量,充分发挥大科学计划与工程以及大科研基础设施的作用,以使命为导向、以责任为基础、以任务为牵引、以项目为纽带,将各类科研机构、高等院校、企业和相关社会组织等紧密结合起来,成为高效互动的创新网络,提高上海科创中心能级(见图2-3)。

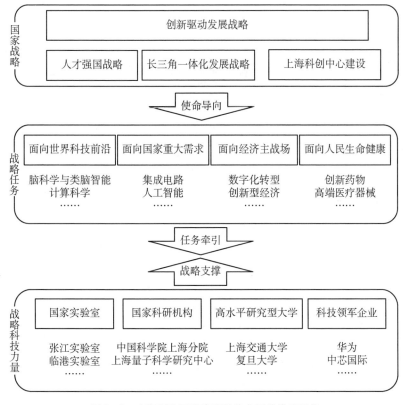

图2-3　上海强化国家战略科技力量的战略任务

图2-4以集成电路领域的关键核心技术攻关为例,示意各类国家战略科技力量以国家战略为引导,以实现面向国家重大需求和面向经济主战场的战略任务为目标,参与支撑具体项目。

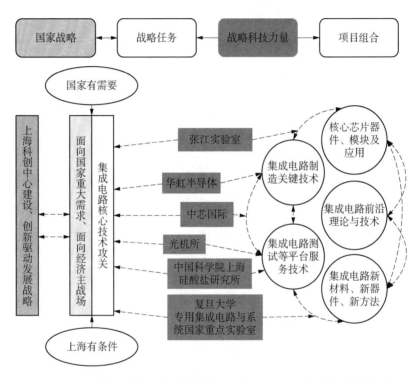

图2-4 国家战略、战略任务、战略科技力量的关系——以集成电路领域为例

三、发展进程中的分类协同施策

结合对上海使命的思考和国家战略科技力量的任务布局,笔者认为新时期强化上海国家战略科技力量需进一步拓宽战略视野、更新战略思维,通过整体统筹,针对不同类型的创新主体的定位和功能,从三个各有侧重但交互协同的角度出发探寻发展路径。

（一）加强培育，做大国家战略科技力量增量

提高国家科技水平与创新能力的一个重要切入点是增量改革。强化上海国家战略科技力量需要新建一批使命定位高、战略责任强、组织模式新、技术领域准、创新成效实并具有前瞻性、能够改变赛道和规制的力量。

一是面向未来、统筹部署，布局建设若干集突破型、引领型、平台型于一体的具有国际顶尖水平的科研机构。对标国际超一流重点科研机构，以国家重大战略任务要求和经济社会发展迫切需要为导向，建设先进大型科研设施及科研装置，完成国家目标和科学前沿探索任务。发挥国家实验室战略导向、综合集成、前瞻引领、不可替代的作用，充分调动各类创新资源，从事跨学科、综合性战略研究，承担耗时长、问题复杂、对大型仪器设备要求高、工业界不愿或无力承担的国家委托的重大研究任务，在有望引领未来发展的领域占领战略制高点，拓展未来发展空间。

二是以市场化、专业化、国际化的方式整合战略科技力量，重点打造一支由科技领军企业牵头，以创新型央企和国企为主力军、创新型民营企业为生力军的创新联合体。首先，在技术跃迁中强化科技领军企业对国家战略科技力量的主导性、平台性和牵引性作用，加快促进重大原始性创新和产业核心技术、未来技术的持续突破，发展高效强大的共性技术供给体系。其次，加强实行企业内部力量与外部力量的结合，构建行业内和行业间技术产业联盟，推动重点领域项目、基地、人才、资金一体化配置。

（二）加强组织，盘活国家战略科技力量存量

强化上海国家战略科技力量，既需要用好增量，更需要盘活存量。当前上海所拥有的国家实验室、全国重点实验室、中国科学院在沪科研机构及"双一流"高校是上海强化国家战略科技力量的最大存量。通过推进科技体制改革，合理布局国家实验室、全国重点实验室

等重要战略科技力量,强化战略科技力量的重组,高效整合资源,是形成"大兵团"作战新体制的关键。

一是重组后的全国重点实验室应进一步明确以国家目标和战略需求为导向的功能定位,更根本的是以需求导向的科技创新路径为主,补弱增强,向以基础研究和核心技术供给路径为主,以需求导向的路径为辅的新型科技强国路径加速转型。二是利用上海在多个领域最尖端、最独特、最大规模的重大科研基础设施,进一步发挥集成优势,吸引汇聚大量国内外的顶尖科学家和访问学者,促进国家实验室体系的协同和集成创新。三是加快落实科研机构法人自主权、内部管理自主权以及创新活动自主权,从国家创新体系全局出发,遵循科技创新规律,从增强创新动力和活力出发,赋予院所高校在科研人员招聘、选拔、评价、管理等方面的自主权,充分调动战略科技力量和战略科技人才的积极性、主动性和创造性。

(三) 加强协同,优化国家战略科技力量体系

当前,国家实验室、全国重点实验室、高水平科研机构、领军企业在目标定位、治理模式、实施主体、资源配置、过程管理、成果评价、价值导向等方面均各具特点且形成了相对封闭独立的运行体系。新时期上海强化战略科技力量应在聚焦战略目标的前提下,广泛吸收各方面科技优势力量,形成体系化的科技创新能力,进一步强化创新主体之间的资源开放、协同联动,探索以战略科技任务为引导,组织凝聚更多创新主体,提升上海国家战略科技力量体系的整体效能。

以战略任务为牵引,凝聚创新主体力量。首先,以国家实验室、全国重点实验室、国家技术创新中心等为主要载体,建立公共科研基地,鼓励牵头机构依托基地并联合科技型企业、高校院所等开展联合科研攻关。其次,高水平研究型大学应把发展科技第一生产力、培养人才第一资源、增强创新第一动力更好结合起来,加强产学研深度融合,促进科技成果转化,建构问题与需求双驱动的新型产学研体系。

最后,支持和确立科技领军企业的科技创新主导作用,从制度和政策体系设计上激活和持续提升科技领军企业履行科技自立自强使命的成效,采取针对性的措施,鼓励重点领域企业增加基础研究投入,充分发挥企业应变灵活的优势,发挥企业"出题者"的角色,有效调动大学和科研院所的基础研究"答题者"功能。

优化组织机制,加强创新主体协同联动。首先,在机制设计上强化总体指挥功能,建立系统评价、动态调整、政策协同等机制,使战略资源始终围绕特定目标实现进行配置。其次,通过新理念、新机制、新模式,以新型举国体制推动形成若干支撑"国之大者"的创新平台,支持组建使命导向、面向前沿的跨学科交叉研究团队,撬动国家科技创新体系的深度变革,以更明确的使命任务、更快的战略响应、更前瞻的布局、更高的隶属级别,强力打破对传统科技创新路径的依赖,提升各类主体间的协同效率。

四、体系化视角下的综合应对方案

依据"贯彻国家意志、主动担当作为、凸显上海优势、强化特殊支持"的发展思路,及"做大增量、盘活存量、加强协同"的发展路径,笔者认为上海强化国家战略科技力量的主要策略可从以下几方面展开。

(一)加强情报信息支援,提高战略判断和快速反应能力

发挥情报搜集及分析的前沿识别作用。利用现代化手段,积极构建智能化科技情报收集、研判、风险评估系统,拓宽科技情报搜索视野,实现信息的交叉验证,提升科技情报获取的速度和精度,保障情报分析研判更加及时准确。依靠科技情报的超前储备、跟踪分析和敏锐判断,及时识别战略风险、形成战略预见,科学合理布局国家战略科技力量的主攻方向,充分发挥战略科技力量的攻坚核心作用。

发挥战略咨询智库的智囊团作用。聚焦战略性、前瞻性、基础性

科技创新重大问题,构建多主体参与、多层次布局的战略咨询体系,及时跟踪国外科技发展战略布局、研判国际科技发展竞争态势,畅通与相关决策部门的沟通对话机制,确保紧跟时势,按照目标导向、问题导向和实际工作需要展开科技战略咨询研究,有效支撑国家、地方、产业有关科技战略和科技政策的制定。

发挥战略科学家的核心掌舵人作用。面向长远发展,有意识地在国家重大科技任务中发现和培养更多具有深厚科学素养和实践能力的战略科学家,赋予其充分的话语权,发挥其前瞻性判断力、跨学科理解能力、大兵团作战组织领导能力,及时准确地把握科学技术演进方向与国家战略需求的结合点,将国家、产业宏观战略意图与战略科技力量主攻方向有机结合,保障重大科学项目研究顺利开展和高质量完成。

(二)加强资金支持和用地保障,确保创新资源倾斜式供给

充分发挥财政科技投入对国家战略科技力量建设及发展的支持和引导作用,合理设计科研经费的使用结构,优先为战略科技任务配置创新资源,有效保障重大科技任务攻关。

协调央地经费投入机制,保障研发投入的稳定增长。通过部市会商机制明确战略科技力量与国家业务主管部委的关系,地方政府响应中央政府对战略科技力量的资助给予配套经费,通过稳定的、长周期的资助,实现科技经费总量和人均科研经费稳定增长,保障国家战略科技力量顺利完成战略攻坚任务。

探索执行包干制财政资助方案,保障各类战略科技力量建设和发展需要。为不同组织形式、不同任务要求的战略科技力量制订独立的经费资助方案,协调财政稳定支持经费和竞争性支持经费比例关系,引导财政研发经费向基础研究倾斜,加大对冷门学科、基础学科和交叉学科的长期稳定支持,鼓励广大科技工作者勇闯创新无人区。

促进多元化资金投入，提升财政资金使用效率。优化国家战略科技力量建设资费投入结构，促进以财政投入牵引带动多元化社会投入，聚焦产业链关键核心技术攻关问题，探索构建国家牵头、多元投入的基金体系，由领军企业统筹引领相关产业联盟，企业和社会资本力量联合出资，健全资金管理与使用的监督机制，确保科研经费投入和使用的结构合理。

加强基础设施建设和土地空间供给等配套保障，优先满足战略科技力量建设和发展的资源需求。采用市级重大专项、大科学装置地方投入、区级配套和过渡期资助等方式，支持国家实验室建设运行，保证重大战略任务的配套资源倾斜式供给保障。同时，按照国家新一轮科技创新中长期规划，对符合国家及上海战略需求的适宜增加或升级建设的大科学设施进行系统谋划布局，注重设施运行阶段的投入和项目支持，为进一步争取国家支持夯实基础。

（三）加快战略科技人才培育，构建战略人才体系

新时期上海强化国家战略科技力量应与高水平人才高地建设目标紧密结合，培养适应国家发展要求的高水平科技创新和创业人才，有效充实战略科技人才储备，助力解决事关国家全局和长远发展的重大科技问题。

以专项行动计划推进人才引进组织工作。围绕上海有基础、国家有需求，近期有优势、长期可突破的重点发展领域，落实主责和协同单位，细化关键人才服务保障。一方面以全球视野主动承担国家使命为国揽才，探索接轨国际的外籍人才引进制度，优化松绑外籍人才工作限制性政策；通过简化流程消除人才发展过程中的各种阻滞；通过加强国际合作发挥上海国际化优势推进国家人才的交流合作。另一方面要激活内部，以松绑权限、降低门槛、扩大收益为重点，整合中国科学院系统、在沪高校、在沪国有企业的优秀人才，统筹汇入国家实验室，打破固有学科和组织关系壁垒，促进人才按需流动、按需

组合,形成以提出战略性问题为导向、以完成战略性任务为目标的国家队。

以布局世界一流平台集聚并造就高能级人才团队。一方面加快建设国家实验室、全国重点实验室、大科学装置、高水平研究型大学、新型研发机构、科技领军企业等面向前沿、面向世界的发展平台,形成世界一流的基础科研平台、科技服务平台,集聚造就国际一流人才和团队。另一方面在团队组建中探索"总师负责制",赋予总师团队组建权、经费预算权、考核激励分配权和相关资源支配权等科研自主权,消除对用人主体的过度干预,深化人才评价激励改革,以责权对等的科学管理方式促进高能级人才团队的建设发展。

加强协同联动推进人才制度政策的系统集成。一方面加快人才管理部门的职能转变,整合分散的部门资源,实施人才、项目、平台协同支持机制,为战略科技人才提供人才计划、科研项目、产业支撑和团队服务集成式支持,激发用人单位和人才自身的创新创业活力和动力,助推科技人才快速成长。另一方面进一步推进综合集成授权和综合集成改革,优化支持人才发展的政策供给,进一步完善科研人员薪酬分配制度,优化人才落户政策,加大多元化人才引进和培育投入力度,为人才安居教育医疗等方面提供保障,建设高品质人才发展生态系统,营造对科技创新创业人才极具吸引力的发展环境。

(四)强化政策突破和立法保护,优化战略任务管理机制

合理的制度安排和充分的法律保护是新时期国家战略科技力量执行国家重大战略任务的关键保障。发挥新型举国体制在全局性、战略性的科技创新领域任务组织实施中的积极作用,加强立法保护,优化管理机制,强化政策突破,为国家战略科技力量顺利完成使命任务保驾护航。

通过《中华人民共和国科学技术进步法》《关于科学理念的宣言》等正式文件与法律法规对国家战略科技力量的定位和功能予以规

范。争取强化对国家战略科技力量的立法保护,明确规定国家实验室、国家研究机构等新增战略科技力量的法律地位,设立变更程序,明确国家行政部门和各类国家战略科技力量的权利义务关系,明确国家战略科技力量的治理结构,夯实国家战略科技力量专注于国家战略科技任务的法律基础,强化国家战略科技力量体系建设。

需要充分发挥各级政府在重大科技任务执行中的组织推动作用,兼顾国家战略和使命任务在技术发展阶段和类型特征方面的差异,选择合理的战略任务分类管理机制,以高效的组织管理机制、强有力的领导机构、运转流畅的支持系统和行政系统保障国家战略科技力量顺利解决重大科技问题,助力攻克共性关键技术。

(五) 建立战略目标导向的评价体系,提高战略资源使用效率

国家战略科技力量既肩负着国家赋予的使命导向的战略任务,也承担了自身力量发展的建设任务。使命导向的战略任务往往具备高度集成性、严格计划性、长周期性等特征,国家战略科技力量需要针对不同领域的战略任务明确各自的功能定位,有效识别战略任务执行过程和目标成果形式的差异,构建以高效完成战略目标为导向的"评价—监督—激励"体系。

建立从规划战略任务、确立研究方向到任务实施执行的全生命周期的监测评估体系。综合应用非共识评估、创新度评估、交叉式评估等非常规评估体系发现并遴选上海科技创新领域的探路者与领跑者,组建最强的在沪国家战略科技力量队伍。持续开展监测并配合动态评估调整机制,对战略任务下的科技项目执行进行有效且合理的反馈和介入。

针对不同类型的战略任务建立相应的资源投入、产出、影响的效率评价方式,促进战略科技力量和创新资源的高效配置。兼顾探索型科研项目的创新性和不可预见性,综合应用国际同行评价、文献计量评价、颠覆性评价等多种方式,充分按照科研规律设置适合不同类型战略任务的绩效目标、选取监测考核对象，保证战略任务执行和结果评估的科学性、客观性和动态性。

建立与绩效评价结果挂钩的后续支持和激励机制，保障国家战略科技力量在非任务攻坚期的持续建设和蓄能。强化科技评价结果与资源配置、要素投入之间的紧密联动，动态调整科研机构绩效工资水平，向承担关键领域核心技术攻关任务较多、成绩突出的科研人员倾斜，使参与国家重大战略任务的研究人员获得稳定的工资收入保障。

第三章

创新加速：贯通科技创新全链条

科技创新是涵盖多环节的复杂过程。基础研究是基石，奠定了知识体系的深厚根基，为科技前沿的探索提供源源不断的动力。关键核心技术攻关是突破点，关乎国家安全和长远竞争力，是我们在全球科技竞争中必须牢牢把握的战略高地。创新是科技成果的终端应用，连接了实验室与市场，是转化科学技术的力量和推动经济社会高质量发展的强大引擎。上海建设具有全球影响力的科创中心，致力于贯通并强化创新全链条的各关键环节，以卓越的创新体系效能引领我国走向科技强国的新征程。

第一节　从 0 到 1：基础研究的高质量发展

加强基础研究，是实现高水平科技自立自强的迫切要求，是建设世界科技强国的必由之路。推动基础研究高质量发展是上海增强创新策源功能、建设具有全球影响力的科创中心的重要根基。

一、基础研究与科技强国

（一）基础研究的功能与规律

现代意义上的基础研究概念最早出现于美国人范尼瓦·布什

(Vannevar Bush)于 1945 年发布的报告《科学：无尽的前沿》。在报告中，基础研究被描述为没有明确应用背景、以好奇心驱动的科学研究。基础研究这一概念从诞生之日起，内涵发生了诸多变化，在不同制度环境、文化背景下，各国政府、科学家、科研机构等相关主体的认识不尽一致。基础研究的本质是探索客观世界规律、拓展人类知识边界，发现新原理、创建新理论，孕育重大颠覆性变革的科学活动。随着新一轮科技革命的孕育涌动，科学研究范式正在发生深刻变革，学科交叉融合不断发展，科学技术和经济社会发展加速渗透融合，基础研究从早期以兴趣导向的自由探索为主，逐步向以需求和应用为导向拓展，重大科技问题带动和好奇心驱动相结合的趋势日益显著。基础研究的主要特征包括以下几个方面。

（1）研究周期和成果积累的长期性。基础研究是一个知识探索和增长的长期过程，对前沿科学知识的探索需要深入细致的思考和百折不挠的验证，突破性成果的取得往往需要长达十余年的持续努力，需要十年磨一剑的专注精神。据统计，自然科学类诺贝尔奖获得者一般在 24 岁左右获得博士学位，36～39 岁完成代表性的研究工作，约 18 年以后获诺贝尔奖。

（2）研究成果的不确定性。基础研究是对未知领域的探索，往往路径不清楚、方法不确定、失败率很高，且结果不可预知，需要以充分的耐心，从政府、机构和科学家共同体等不同层面培育创新生态和包容文化。

（3）人是基础研究的第一要素。基础研究的发展与竞争，归根到底靠高水平人才。从科技发展史方面看，基础研究高度依赖人的创新能力，执着、富有激情的一流科学家是发现科学规律、取得基础研究重大突破的"关键少数"。基础研究的高风险性和长期性特征决定了需要一批勇攀高峰、敢为人先、富有创造力、具有冒险精神，以及真正淡泊名利、潜心研究、甘为人梯、奖掖后学的科学家。

（4）投入的持续性。基础研究的长周期特征决定了需要长期稳定的投入。第二次世界大战后，美国、英国、日本等国政府开始加大投入发展基础研究。以美国为例，基础研究的投入在研发经费中的比重近十年来一直稳定在 $16\%\sim18\%$。其中，联邦政府是持续资助基础研究的最主要主体，投入占比在 50% 左右。

（5）管理模式的差异性。政府制度保障和政策引导对基础研究产出的影响越来越大。战略导向的体系化基础研究充分体现国家意志，需要评价对实现战略目标做出的实际贡献；前沿导向的探索性基础研究瞄准前沿和"无人区"，以代表性成果评价和国际同行评价为主；市场导向的应用性基础研究强调发挥企业的主体作用，从产业发展的需求凝练科学问题，以市场评价为主。

（二）基础研究议题和组织模式的变化

世界进入大科学小科学并存时代，全球科技竞争不断加剧，基础研究正受到前所未有的重视。当前，科学议题的主要特征、基础研究的组织模式发生了重大变化。

科学议题呈现复杂性加剧、学科融合深化、成果转化加快等特征。随着科学探索不断向宏观拓展、向微观深入，学科范围不断扩大，各领域高度关联。大量基础研究领域的命题不再是单一学科领域的问题，前沿科学问题变得越来越复杂。同时，基础科学与技术科学间的知识壁垒逐渐被打破，基础研究、应用研究和产业化双向连接渠道不断疏通，原创成果转化周期不断缩短。

从自由探索演化成目标和兴趣相结合。国际科技实力的角逐不断前移至基础研究阶段，面向经济社会发展的需求也逐渐成为基础研究问题的动力来源。基础研究的驱动力量呈现出自由探索、兴趣导向与解决实际问题相结合的特征。

范式变革对有组织的基础研究提出更高要求。体现国家意志，集中投入、引导科学家和科研团队瞄准重大方向开展具有定向性的研究,正在成为基础研究重要的实施路径。例如,人类基因组计划就是一项由来自 6 国的 2 000 多名科学家共同参与的全球性科学探索巨型工程。未来,跨国、跨组织、跨部门的大规模人员参与、协同完成的项目会越来越多,大团队、大设施、大平台的作用将进一步凸显。

(三) 大国崛起与基础研究的发展

第二次世界大战后,美国、英国、日本等国家大力发展基础研究,在战略布局、经费投入、科研管理等方面采取了一系列行之有效的办法和举措。

强调基础研究的重要性并加强战略布局。为了在新一轮科技竞争中抢占制高点,欧美等创新地区高度重视基础研究。例如,美国在一系列战略政策中,强调基础研究的核心地位,同时依托众多机构加强不同类型的基础研究战略布局。美国国家科学基金会主要资助大学开展基于兴趣导向的基础研究,这些研究通常不与特定的技术目标相联系,目的是激发杰出研究人员的天赋和好奇心,拓展知识疆域。而美国国防部高级研究计划局的使命是创造有价值的新技术,其资助的基础研究与重要的技术目标相联系,以解决国家最棘手的安全挑战。日本于 1996 年设立的科学技术振兴机构发挥有组织的基础研究指挥棒作用,全面启动战略性基础研究资助项目,建立了点面兼顾的基础研究资助体系。

建立基础研究经费来源多元化投入机制。近年来,美国全社会基础研究经费占研发经费比例超过 15%,占 GDP 比例超过 0.4%,英国分别是 15% 左右和 0.2% 左右,日本分别是 15% 左右和 0.4% 左右。为推动基础研究的可持续发展,各国探索建立长久稳定的投入机制,初步形成了来源多元的资助模式。以美国为例,经费来源主要有联邦政府、企业、大学、非营利性机构和州政府等。其中,联邦政府是最主要的资助主体,企业是基础研究的第二驱动力,2020 年美国企业投入的基础研究经费占比达到 34.2%(相比 2010 年增加了近

12%），非营利性机构的基础研究投入占比为 9%，还形成了大学校友捐赠支持基础研究的传统。2015 年美国科学慈善联盟对美国大学协会的一项调查显示，美国大学研究经费中科学慈善资助的占比已近 30%。相较于其他类型的科学资助，社会捐赠方式设立的科学基金会能更加自主、灵活、积极地支持那些符合其宗旨的高风险前沿科学研究、跨学科研究和早期应用研究。美国最大的非营利性生物医学研究机构——斯克利普斯研究所，其主要资金来源是社会和私人基金会的捐赠。

形成符合基础研究规律的管理和资助方式。探索形成了尊重基础研究不确定性和长期性特征，提升资助成功率的工作机制。在立项方面，OECD 国家采用"多轮盲审＋实名会评"的方式消除评审偏见。如美国国立卫生研究院的高风险高回报项目"院长先锋奖"采用多轮的同行评议将"选项目"和"选人"的考察步骤分开，识别前沿探索的好问题，并考察能够承担较高风险的杰出科研人员。英国高级研究与发明局以发明愿景为导向面向全社会征集选题，立项依据主要包括团队中具有指导迈向成功的坚定领导者、选题是否具备超常规特征且能够在全球范围内展现卓越价值。近年来有些 OECD 国家实施针对高风险研究的随机抽签机制，在通过同行评议完成质量筛选的基础上，以机会为主要决定因素确定最终资助项目。在投入方面，对于基础研究的支持兼具稳定性和竞争性。其中，目标导向型基础研究一般采用稳定性资助，如美国国立卫生研究院 R35 计划的资助强度不少于 100 万美元/项/年，资助周期为 5～8 年，并先后在 6 个研究机构进行试点，康奈尔大学的蛋白质折叠研究项目被美国国立卫生研究院资助长达 52 年之久。自由探索型基础研究一般采用竞争性的资助，美国联邦政府投入高校基础研究中约 60% 的资金以同行评议的竞争性方式进行分配，竞争性经费获取规模取决于高校的实力。在评价方面，灵活运用评估制度，项目评价注重考察前瞻性和连续性;人员评价不仅关注科研成果影响力,更注重从科研人员独立思考和综合能力、项目结题后所从事的领域及所取得的成绩等方面进行全面考核。

二、策源之基:上海基础研究发展成效

(一)制度创新与模式探索

为深入推进基础研究发展,上海持续探索基础研究制度创新。2021年出台了《上海市人民政府关于加快推动基础研究高质量发展的若干意见》,持续优化基础研究发展环境。在全国率先试点基础研究特区,探索长期稳定的资助方式;加入国家基金委区域创新发展联合基金,促进跨区域跨部门协同创新;实施"探索者计划",发挥领军企业"出题人""阅卷人"的作用,促进基础研究多元投入,并持续扩大包干制试点范围。

在沪基础研究机构积极探索适合自身发展的基础研究模式。例如,复旦大学设立了原创科研个性化支持项目,明确在项目遴选及结题考核等环节不以研究基础为优先标准、不以研究可行性为主要导向,鼓励科研人员实践原创思想,大胆尝试,赋予项目负责人充分的科研路线自主权,引导优秀青年科研人才从零出发勇闯"无人区",力图打造追求原始创新的浓厚氛围。中国科学院生物与化学交叉研究中心定期组织学术带头人交流研究进展,促进形成深入交叉研究的环境,以对科研团队的日常考察为主,减少形式上的年度考核,代之以长周期(5~6年,最长达11~12年)评估。上海交通大学打造基础研究集中区、自由区和融合区的"三区"模式,启动"交大2030"计划,全方位优化基础研究环境。上海期智研究院充分发挥新型研发机构优势,建立了灵活的扁平化管理体系,根据全球最新动态及时调整研究方向,同时营造了既宽松又相互激励的良好环境,助推基础研究重大突破。

（二）经费投入逐年增加、人才队伍持续壮大

上海基础研究投入逐年增加。2021 年上海全社会基础研究投入达到 177.73 亿元,近 10 年平均增长率为 17.19％（见图 3-1）。整体投入强度稳中有升,基础研究投入占全社会研发投入的比重从 2010 年的 6.45％上升至 2021 年 9.77％（见图 3-2）。上海承接国家重要任务的能力不断增强,近五年平均每年承接 4 340 项国家自然科学基金项目,累计获得经费支持达 146 亿元,其中 2022 年再创新高,承接项目 4 649 项,资助金额达 33.48 亿元。

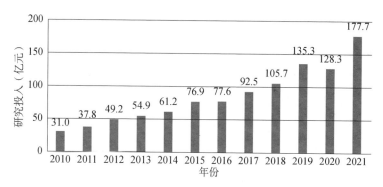

图 3-1　2010—2021 年上海基础研究投入

资料来源:根据 2011—2022 年《上海统计年鉴》数据绘制。

图 3-2　2010—2021 年上海基础研究占全社会研发投入比重

资料来源:根据 2011—2022 年《上海统计年鉴》数据绘制。

上海基础研究人才队伍底盘稳、骨干多。目前，在沪两院院士171人，占全国的12.4％，位居全国第二（北京832人）。科睿唯安发布的"2022年度全球高被引科学家"榜单中，上海全球高被引科学家117人次（中国共1 169人次）。姚期智、袁钧瑛、张杰等顶尖科学家发挥个人国际影响力，吸引集聚了一批极具潜力的优秀青年人才。

（三）战略科技力量和大科学设施发展建设形成优势

根据《2023上海科技进步报告》，在沪国家实验室形成"3＋4"体系，其中国家实验室3家在轨运行，4家国家实验室上海基地建设工作积极推进，全国重点实验室35家，其中牵头完成重组26家，新建9家。全市"双一流"建设高校15所，仅次于北京（34所），其中4所列为"一流大学建设A类"高校。上海14所高校的34个学科入选"中国顶尖学科"，占全国14.2％，居全国第二。集聚了一批高水平科研机构，其中中国科学院在沪研究机构16家，在信息、人口健康、新能源、新材料、空间以及大科学工程等领域研究积累深厚，生物与化学交叉中心、李政道研究所、期智研究院等国际一流基础研究机构初具雏形。依托科技领军企业建立的市重点实验室超过20家，中芯国际、宝钢、上汽、展讯等行业头部领军企业不断向创新链前端攀升。从大科学设施建设看，已建和在建的大科学设施数量达15个，已形成全球规模最大、种类最全、综合服务功能最强的光子重大科技基础设施群。

（四）原创成果突破和国际合作持续推进

1965年，世界第一个人工合成的蛋白质——牛胰岛素在上海诞生，被誉为我国"前沿研究的典范"，是当年接近获得诺贝尔奖的重大成就。近年来，上海在脑科学、生命调控、量子信息等领域先后取得了体细胞克隆猴、人工创建单条染色体真核细胞等一批具有国际影响力的基础研究成果。近5年在《自然》《细胞》《科学》期刊累计发文

523篇，占全国30.3%；2022年发表NCS论文120篇，同比增长12.1%。2016年至今上海共有257项重大成果获国家科学技术奖，获奖比例维持在15%以上，其中获得国家自然科学奖31项（上海第一完成单位获得特等奖1项、一等奖6项）。近5年中国科学十大进展中，有11项出自上海。上海积极发起"国际人类表型组计划""全脑介观神经联接图谱"等大科学计划，积极参与平方千米阵列射电望远镜区域中心建设和国际大洋钻探计划。

（五）上海基础研究发展还需更上一层楼

当前，上海具有国际影响力的重大原创性成果及世界级科学家依然缺乏，基础研究对经济社会发展的支持作用亟待加强，特别是对原创性科学问题的把握、支持方式和强度、科研管理方式，以及成果评估机制方面还需持续优化，更上层楼。

上海基础研究主力的数量和质量处于国内先进水平，但与国际一流仍有差距。在顶尖科学家方面，具备国际视野、前瞻判断力、跨学科理解力、协同创新组织力的顶尖科学家不够，如尚未实现本土科学家在诺贝尔奖、菲尔兹奖等国际知名科技大奖上零的突破。在顶尖科研机构建设方面，各类战略科技力量"分可独立作战，聚可合力攻关"的协同创新机制仍在探索中。科学议题系统化布局仍需优化，尤其在选题和任务形成机制方面，面临缺乏前瞻性、战略性、系统性研究布局的挑战。在目标导向类基础研究选题方面，统筹自上而下和自下而上两股力量，还需要进一步结合国家意志和上海优势进行基础研究的体系化布局。而市场导向的基础研究与产业发展需求存在双向连接不畅问题，产业界创新主体需要进一步发挥"出题人""阅卷人"的作用。自由探索类基础研究选题方面，高风险的前瞻性、颠覆性研究需要一定程度的强化布局。上海应形成尊重基础研究规律的科研生态，需要进一步深刻理解并接受基础研究的不确定性和长期性特征，在此基础上建立符合基础研究规律的立项、投入、管理、评价等机制,并在全社会层面营造尊重科学、崇尚科学的创新文化氛围。

三、策源之解:以新知推新举

(一) 构筑新认识

推进基础研究高质量发展,需要对上海基础研究的核心问题构筑新的认知。首先,要形成共识。现阶段,各部门、各主体对于基础研究在上海加快建设具有全球影响力的科创中心过程中的重要性和紧迫性的认识还有局限,对基础研究的内涵特征、发展规律、决策机制、资助模式等还存在分歧。需要在全社会层面形成推动基础研究高质量发展重要性的一致认识。其次,要选对人。真正从事高质量基础研究的人才是有限的,找对能够从事高风险研究的人,支持有雄心的科研人员朝着前沿持续探索至关重要。上海基础研究高质量发展需要一批具有世界影响力的顶尖科学家,以及围绕顶尖学者形成师承团队和具有发展潜力的青年科学家队伍;在评审专家方面,也需要在各学科领域组建一支具备全球视野、尊重科学、敢说真话的专家队伍把好关。选对人的同时要选好题。只有研究真正的前沿科学问题,实现真正的原创理论突破,才有可能影响和改变全球科技发展进程和格局。基础研究科学问题的凝练要立足科学的无尽前沿,在"无人区""交叉点"静心"种好自己的树",开辟新的认知疆域,从应用牵引、突破瓶颈出发,而不是光摘"别人树上剩下的果子",更不能从顶级期刊的热点论文中盲目挖掘次级问题或自造问题。再次,要优化管理。有组织推进基础研究可以跨越从科学原理到技术再到产业之间的鸿沟,优化资源配置,提高效率。以"选对人、选好题"为核心,建立科学合理的决策体系和管理模式,优化资助机制,发挥项目或研究平台的作用,牵引科研机构发挥主体责任,充分激发科学家的创造性。针对战略导向、前沿导向和应用导向的基础研究和不同学科基础研究的特征,亟待形成分类指导的资助体系和评价方法。最后,最底层但是最根本的,是要营造良好的学术生态。基础研究本身是高风险活动,具有不确定性、长期性等特征,"失败常按门铃,成功偶尔敲门",需要为真正从事基础研究的少数机构和少数科学家营造宽松包容的科研环境,充分激发科学家的创造性,鼓励科学家"啃硬骨头、闯无人区"。

（二）推行新举措

基于对基础研究高质量发展核心问题的认识,借鉴世界科技强国的经验,需要推行一系列新的举措。

如何建立机制,强化基础研究的前瞻性、战略性、系统性布局？优化上海基础研究任务布局体系,坚持目标导向和自由探索两条腿走路,立足"人"这个关键因素,加强分类支持和系统布局,完善选题和任务形成机制,瞄准重大领域,加强资源的聚焦配置,开展探索者计划扩容、基础研究特区升级。加大以"人"为核心的长周期和滚动支持力度,强化目标导向的重大任务布局以及相应的机构建设和人才团队建设。探索建立健全基础研究战略决策咨询机制。聚焦"四个面向",围绕重点领域搭建战略咨询专家组,发挥战略科学家的判断力,提出相关领域上海基础研究的方向和目标,并负责凝练重大前沿科学问题和识别科学家及研究团队。此外,加快推动人工智能驱动的科学研究发展,加速科学研究范式变革和能力提升。

如何做强机构,打造世界一流的基础研究力量和平台？要发挥好国家实验室体系的引领作用,持续支持和保障在沪国家实验室高质量运行发展,建立以国家实验室为引领,以全国重点实验室、上海市实验室为核心,上海市重点实验室为支撑的在沪实验室体系。充分发挥研究型大学基础研究的主力军作用,用好这股源头活水,贯彻落实国家"双一流"建设战略部署,加快上海市高等教育综合改革先行先试,开展有组织的基础研究。加大力度优化中国科学院在沪科研资源和力量布局，支持其全面融入上海科创中心建设。探索建设一批投入主体多元化、管理制度现代化、运行机制市场化和用人机制灵活化，与科技创新规律相适应，具有国际影响力的基础研究机构。此外，鼓励科技领军企业"从10看到0"，支持科技领军企业牵头组建体系化、任务型创新联合体，发挥技术攻关引领带动作用。

如何优化管理，建立符合基础研究规律的资助评价体系？首先要加大投入强度，优化投入结构。一是提高财政的投入强度，改革基础研究财政投入机制，比如，建议明确基础研究投入在市级财政科技资金中的占比达到1/3。二是拓展多元投入渠道，强化政策引导，吸引社会基金更多投入基础研究，比如通过税收优惠等多种方式激励企业加大基础研究投入，鼓励社会力量以设立科学基金、科学捐赠以及与政府建立联合研究基金等多元投入方式支持基础研究。其次，在管理方面，需要提升现有项目管理机构的能力与水平，分类开展科研管理和成果评价。从科研成果影响力、实施项目对科研人员独立思考和综合能力的培养等方面进行综合评价。比如尝试聘请各学科领域具有基础研究经历的科学家作为项目经理人参与项目管理。分类评价，各有所重，比如对于战略导向基础研究，强调对战略目标达成的评价；对于前沿导向基础研究，强调对突破性成果及影响力的评价；对于应用导向基础研究，强调对实际应用成效的评价。

如何营造文化，构建良好学术生态和开放合作格局？对内，上海要发挥好长三角一体化的引领作用，积极推进长三角基础研究合作，发挥上海的研发优势，共建长三角高水平国家实验室体系，加强重大科技基础设施共建共享，深化上海张江、安徽合肥两地综合性国家科学中心合作。对外，上海要发挥开放合作的传统优势，在基础研究领域构建全方位国际开放合作格局。通过积极发起或参与国际大科学计划和大科学工程巩固拓展国际科技合作网络，吸引国际科技组织来沪发展，进一步提升全球资源配置能力。整体上，上海要努力营造追求第一和唯一的科研文化氛围,在全社会大力弘扬追求真理、勇攀高峰的科学精神,营造敢于质疑、刨根问底、求真唯理、宽松包容的学术风气,鼓励科研人员在原创、独有上下功夫。

第二节　从 1 到 10: 新型举国体制下的关键核心技术攻关

举国体制曾被广泛用来概括我国体育界统一动员和调配全国资源以夺取运动比赛好成绩的工作体系和运行机制。科技领域的举国体制主要是指重大科技任务实施过程中,对所集结的全国科技力量的组织方式、管理模式以及运行机制的系统性制度安排。全世界各国普遍选择举国体制进行重大基础研究突破和关键性共性技术攻关,其开展形式和组织模式不完全相同,法国的空客、日本的大规模集成电路等均在举国体制的主导和牵引下完成,为提升国家核心竞争力做出了不可取代的贡献。

一、从举国体制到新型举国体制

(一)何为新型举国体制

新型举国体制是为保证完成国家重大科技任务目标,在社会主义市场经济条件下集中配置创新主体、人才、资金、技术、装备、政策等资源,构建分类分策的任务攻关组织、管理、运行等机制的系统性制度安排。科技领域的新型举国体制主要服务于国家部署、目标明确、限时完成的重大战略产品研发或重大科技任务攻关。因此,需要以新型举国体制方式推进的科技任务需能清晰地说明解决了国家发展过程中的哪些重大战略性问题,包括长期未解决的问题以及未来战略必争的领域。科技领域新型举国体制的参与主体是可用于完成战略目标的资源,包括国内和国际的不同创新主体、人才、资金、技术、装备、政策等,不同力量的权属在体制机制设计时需要加以关注。

新型举国体制下的政府规制往往体现在解决信息不对称和外部性的问题,政府主要运用行政性规制手段,集聚各类社会力量,特别是集聚市场无法有效配置的资源。科技领域新型举国体制的资源配置的特点则是目标集中、载体集中、资源集中、时间集中。从其本意出发,科技领域新型举国体制的特征可以从以下几个方面来理解。

在使命目标上,新型举国体制的第一特征就是充分体现国家战略定位,目标集中于面向世界科技前沿、面向经济主战场、面向国家重大需求、面向人民生命健康的科技重大任务,集中攻关。

在主体选择上,多元主体协同参与是新型举国体制的重要特征。根据历史经验,多由政府主导发起,国家实验室、高校、科研院所、行业领军企业、新型研发组织、企业等共同参与,开展协同创新,实施重大科技任务攻关。

在驱动力量上,新型举国体制在一定程度上必须依靠政府力量驱动,从而快速调动、号召大批科技力量参与重大科技任务攻关。随着市场经济的发展和深入,市场机制不断占据重要地位,其重要特征表现为政府力量与市场机制双轮驱动,既依靠政府力量主导目标和集中资源,又发挥市场优势进行资源配置和利益分配。

在组织形式上,新型举国体制采用适当扁平化层级形式,核心层级在3~4层为宜。一方面,新型举国体制主要面对重大科技任务,尤其是一些涉及重大科技工程类项目,牵涉主体多元,职能分工较为烦琐,多层级的组织模式较为合理。另一方面,层级过多容易导致权责不清、力量分散,宜遴选个别核心机构承担重大科技任务的主要部分,根据主体职能分工,对任务进行拆解和分派以提高效率,发挥新型举国体制的核心功能。在开展重大科技任务攻关时,不断推动各机构之间开展扁平化的合作从而保证整体任务顺利进行。

在组织流程上,新型举国体制往往形成一套高效循环的闭环系统。任务攻关流程主要涉及目标确定、动员号召、任务分配、组织协调、协同攻关、利益分配等。各个环节之间既有良好的承接模式,又有快速高效的反馈迭代能力,从而构成高效的闭环系统,尤其在重大科技任务攻关时刻,集中攻关、组织协调将不断往复循环,提升效率,并为同类或下一轮工作提供基础,形成重大任务梯次接续的发展格局。

(二)新型举国体制的时代特点

1. 回首来路:从计划经济到市场经济

在计划经济年代,举国体制以弘扬国威为目的。中华人民共和国成立之初,面临众多国际势力的胁迫和紧逼,此时,科技领域举国体制建立在国防安全为第一使命的根本出发点之上,一切科技资源的调动均由行政命令、行政力量主导。国家通过行政手段将人、财、物等资源集中投入关键核心领域,进行研发攻关。国家是主体,政府组织实施全过程,主要支持国有企业和科研院所,以核心技术、装备等实现国产为目标,聚焦国家命运安危。

在市场经济条件下,新型举国体制以实现国强为目的。40 余年来,科技体制改革不断推进与深化,不断解放和发展生产力,取得令人瞩目的成就,科技领域新型举国体制从国防安全为第一使命逐渐转变为发展经济为第一使命,尤其是 1985 年出台的《关于科学技术体制改革的决定》,强调应该按照"经济建设必须依靠科学技术、科学技术工作必须面向经济建设"的战略方针,尊重科学技术发展规律,从我国的实际出发,对科学技术体制进行坚决的有步骤的改革。随着市场经济体制的发展,"国家高技术研究发展计划"(863 计划)、"国家重点基础研究发展计划"(973 计划)等计划中引入了科技资源有效分配,新型举国体制仍然是科技创新攻关的重要方式,其内涵和表现方式开始逐步转变,强调行政力量和市场力量相结合,但这一时期,行政力量仍占据主导地位。随着改革开放进程不断加速,在中国加入 WTO 等一系列重大机遇的推动下,市场机制在我国社会主义发展道路上得到进一步强化,中国逐渐崛起了一批具有国际竞争力的民营科技型企业,如阿里巴巴、百度、腾讯等,成为资源配置的重要创新主体。未来新型举国体制将更多集中在科技前沿探索、系统性产品和重大工程开发以及行业能力建设方面,从而全面提升我国综合竞争力,这种转变带来了新型举国体制的目标转换,是符合市场经济发展的重要体现。

2. 展望未来:从大国竞争到范式转变

当今世界,科技创新日新月异,新一轮科技革命和产业变革加速孕育,只有准确研判科技创新发展规律和发展趋势,才能深刻把握新型举国体制的发展方向和重点聚焦。这些重大转变将对我国新型举国体制的探索应用具有巨大影响和推动作用,只有符合科技创新的规律和趋势,才能有效发挥新型举国体制的功能,抢占科技创新制高点。

重回大国竞争时代,全球化不可逆转。从历史规律看,全球化促进了商品和资本流动、科技和文明进步,是社会生产力发展的客观要求和科技进步的必然结果。纵观全球发展趋势,北美、东亚、欧盟三大版图鼎足而立,主导新一轮全球创新格局演化和发展。随着新兴大国在科技创新领域的全面崛起,发达国家不断利用单边主义、保护主义、民粹主义对抗创新全球化,制约后发国家竞争力提升,全球科技创新竞争空前激烈,科技创新制高点的争夺进入了白热化阶段,世界重回大国竞争时代。

创新范式加速转变,科技发展迎来重要转折。新科学、新技术、新产业的诞生不再遵循单一的线性模式,从整体上来看,前沿热点呈现群体突破态势,科学研究正在向宏观、微观和极端条件拓展,宇宙演化、量子科学、生命起源、脑科学等领域的原创突破正在开辟新前沿、新方向。深海、深空、深地以及网络空间安全等重大创新领域，成为人类拓展生存空间、维护核心利益和国家安全的竞争焦点。更多颠覆性创新成果正在加速改变经济结构和社会形态，这为众多新兴国家带来了前所未有的跨越式发展机遇，相对而言，创新周期正在被不断压缩，仅依靠知识和技术的累积难以突破创新的屏障，学科之间、科学与技术、科技与产业相互融合和转化更加迅速。

创新内涵不断拓展，新业态和新模式层出不穷。新一代信息技术的加速发展及其与能源、生物、材料领域的交叉融合，推动新技术、新产品、新业态、新模式不断涌现，使现代产业体系加速重构，将对全球产业体系产生颠覆性影响。一方面，智能技术、数字技术和网络技术不断渗透到研发创新过程，推动制造业加快转型升级；另一方面，新智能化、知识化、网络化、服务化、绿色化成为现代产业体系新特征。

新的时代背景和科技发展趋势赋予了举国体制新的时代内涵。新型举国体制是一个更加强调开放的体制，基于全球视野、聚焦国家需求；新型举国体制是一个更加强调协同的体制，顺应科技创新范式变革趋势和发展规律，在任务目标、路径、支撑和保障等方面系统设计、科学分解和统筹安排；新型举国体制是一个更加强调市场作用的体制，发挥市场对资源配置的决定性作用。

二、关键议题：未来挑战、内在关系与风险预判

（一）面向 2035 年的重大议题

1. 关注创新全球化的影响

20 世纪 90 年代以来，以信息技术革命为核心的高新技术迅猛发展，跨越国界紧密联系各国各地，融合世界经济，特别是中国加入WTO 以后，大大加速了经济全球化的进程。伴随经济全球化和中国转型发展而来的是创新全球化，中国已全面融入全球创新网络。

虽然近年出现了逆全球化现象,但从整个人类历史发展潮流来看,包括创新全球化在内的全球化进程仍然是不可逆转的趋势。在创新全球化背景下,面向 2035 年新型举国体制的应用需要具备全球化视角,在技术研发和产品研发的前端要融入全球技术或产品生态系统的理念,并充分做好参与国际竞争的准备。

2. 关注科技创新的规律

当前,科技创新领域的大事和难事均高度复杂,蕴含丰富的理论沉淀,历经几十年系统迭代,其任务的攻克需要有基础研究的沉淀、工程数据的积累、工艺水平的突破、设计理念的提升等方面的系统性跃升。虽然充分发挥新型举国体制的优势可以有效缩短相关领域与发达国家的差距,但许多方面不是靠人力和物力的堆砌就可以在短期内实现的。因此,面向 2035 年新型举国体制要正视各领域科技创新的一般规律,以生产一代、发展一代、预研一代、探索一代的代际思维更好地谋划长远的战略布局,设定合理的研发目标,制定科学的技术路线,配置合适的研发力量,建立高效的组织机制,将新型举国体制的优势在科技创新规律的框架内尽可能地发挥出来。

3. 关注市场经济对创新资源配置的影响

市场决定资源配置是市场经济的一般规律,健全社会主义市场经济体制必须遵循这条规律。社会主义市场经济下新型举国体制将更多地依靠市场主体力量,更好地发挥市场主体的凝聚力和积极性,要在机制设置上更加遵循市场规律,更加注重参与主体的利益保障,坚持契约精神。一方面,在当前科技创新领域,相比国有主体单位,市场主体的技术和产品研发能力更具优势,对技术和产品研发的市场需求更加敏锐,对技术和产品研发参与国际竞争更加清醒。因此,面向 2035 年新型举国体制的机制设计要调整传统模式下主要依靠国有主体单位的局面,更大范围地将有能力、有担当、可信任的市场主体力量纳入新型举国体制的依靠力量。另一方面,要更好地设计多方参与主体下责权利平衡的问题,特别要关注研发过程中知识产权保护等问题,切实保障参与主体的正当权益,从而更好地激励各方凝心聚力办成大事。

4. 关注新型科研组织模式的影响

当前,传统意义上的基础研究、应用研究、技术开发和产业化的边界日趋模糊,科技创新活动不断突破地域、组织、技术的界限,科技创新链条更加灵巧,技术更新和成果转化更加快捷,产业更新换代不断加快,科研组织方式推陈出新。在此背景下,面向 2035 年新型举国体制的组织机制设计要注重基础研究、应用研究、技术开发和产业化各类主体协同配合、共同推进,并关注多主体、多任务、分布式研发下的组织机制的设计,围绕新型科研组织模式完善创新资源配置和考核评价机制。

(二) 需要处理好八组关系

进入新时代,新型举国体制不能简单地利用行政力量主导所有相关资源的集中和利用,而应通过政府主导、市场驱动资源配置。只有善用两制之利,才能更好厘清新型举国体制的资源配置方式,提升资源配置效率。因此,在进行体制机制设计时,须率先对以下八组关系进行甄别和认识。

1. 国家目标与创新主体利益

传统举国体制下目标导向是核心所在,即依靠政治导向集中力量实现科技发展大目标,政府是项目产出的唯一主体。此时,资源配置应服从和围绕国家目标进行,一切资源配置受行政力量支配。在新型举国体制下,市场经济的发展推动科技重大任务必须实现经济效益。经济效益既可以是短期的,也可以是长期的,既要提高参与单位、团队和个人的经济效益,又要提高全社会的经济效益,促进产业发展,创造巨大社会经济价值。此时,资源配置应注重市场效益导向,减少行政力量干预,在保障国家目标与兼顾各方利益的前提下,提供符合市场规则的回报,使获利和投入相匹配,使价值和价格相一致,以此激发创新主体的积极性和能动性。

2. 政府主导与市场机制

政府与市场的关系决定了资源配置由行政力量主导还是市场自发组织。市场经济发展推动了举国体制向新型举国体制过渡,同时要求政府对资源的控制和使用范围、参与方式、配置手段都区别于传统举国体制。新时代的新型举国体制要求政府更多地聚焦市场失灵领域,以实现资源的有效配置。在参与方式方面,政府要发挥协调和引导作用,从行业立法、产业政策、财政投入等方面给予支持,通过发起项目和制定创新政策来推动资源集中。在资源配置手段方面,企业是重大项目的参与主体,政府配置资源的手段要符合市场经济发展规律,委托代理关系需要依靠契约或协议来实现。

3. 行政决策与技术决策

科技创新领域新型举国体制需要平衡好行政决策与技术决策之间的关系。一方面,科技创新领域新型举国体制的制度性产出应最终体现在科学技术突破和民众福祉的整体增进上,因此,政府部门的行政决策主导是新型举国体制顺利推进和达成目的的有效保障;另一方面,科技创新领域新型举国体制要解决的问题和要实现的目标决定了其本身具有很大的难度和风险,即使集中力量也有失败的风险,在科技重大任务推进过程中面临着科学基础理论、技术路线、参数指标的重大转变,这些转变往往会对原有的行政决策和机制安排产生冲击,并互不相容,此时,技术决策显得尤为重要,是能保证新型举国体制完成任务目标的关键所在。综上,在行政决策和技术决策的主导性上进行协调,是保证科技创新领域新型举国体制顺利推进的关键。

4. 自主创新与开放发展

从历史发展来看,我国科技创新发展走出了一条中国特色自主创新的道路,从长远发展来看,更充分的开放合作成为优化我国新型举国体制的重要补充,也是高质量科技创新的必要选择。通过人才引进、科研机构合作以及科技成果的引进、吸收以及消化等方式,充分利用国际科技资源,提升我国创新主体的创新能力。认清自主创新和开放合作的关系是推动新型举国体制走向开放创新的关键。

5. 研发攻关与产业发展

针对新型举国体制而言,研发攻关和产业发展既是需要平衡的一对关系,又是相互独立的一对关系,取决于新型举国体制的目标定位。对于面向世界科技前沿的重大科技任务,研发攻关优先于产业发展;对于面向经济社会主战场的重大科技任务,产业发展优先于研发攻关;对于面向国家重大需求和人民生命健康的任务,研发攻关与产业发展同样重要。因此,在符合实践发展需求,同时兼顾 WTO 等国际规则的情况下,应在基础研究、关键性共性技术、市场竞争等不同目标下统筹研发攻关和产业发展聚焦点。

6. 中央与地方

新型举国体制是主要由中央主导、地方参与的重大科技任务攻关的制度安排,涉及国家利益与地方利益、国家目标与地方目标、国家战略和地方发展的平衡博弈。一方面,地方难以对国家科技重大任务进行全力支持和积极配套,尤其难以在财政、人才、政策等相关核心要素层面实现资源统筹;另一方面,诸多新型举国体制的重大科技成果需要在地方进行试点和产业化,中央和地方既有短期利益冲突的一面,又需从国家战略利益和长期利益出发,将中央和地方目标统一起来。

7. 公平与效率

新型举国体制在创新资源集聚、创新主体选择上不断步入正规化和程序化,尤其是通过完备的遴选机制挑选出具有胜任力的实施主体。但是,过分依赖正规化和程序化的遴选机制和利益分配机制,难以将那些局部能力突出、愿意牺牲个体利益推动重大科技任务高质量、高效率完成的创新主体遴选出来,降低了新型举国体制的效率,只有权衡公平性和效率性,既实行程序化的操作流程,又在合理范围内对特定情况实行一事一议的制度,才能兼顾公平和效率。

8. 竞争与共享

新型举国体制在创新主体遴选、重大科技任务攻关过程中存在着较大的内外部竞争。然而,摒弃过度竞争,参与主体的资源共享和成果共享能最大限度提高新型举国体制的效率和整体目标效益。对于竞争和共享之间的关系要把握好两方面,第一要权衡竞争和共享的程度,适度竞争能激发主体创新能力和积极性。第二要强化使命导向和国家战略,以集中力量的创新主体整体目标利益最大化为根本,促进创新主体共享最新研究成果,并将资源匹配和利益分配向共享主体倾斜。

(三) 新型举国体制可能面临的风险

1. 技术方向选择失误带来的风险

新型举国体制的科技任务有些是持续 10～20 年的持久攻关,因此,对未来技术方向、技术路线的选择和预判十分重要。在技术攻关过程中,一旦科技发展趋势和关键技术突破导致原有技术路线发生转变,整个攻关任务将面临巨大挑战和风险,因此需要在设计体制机制时考虑颠覆性或者突发性的情况。

2. 自上而下运行机制带来的风险

新型举国体制强调政府推动,容易忽略科学系统的自然演进,依靠国家组织力等外部指令嵌入,体现出自上而下的政府推动的特点,属于他组织创新系统,相比科学系统自然演进的自组织创新系统而言,稳定性和生命力都面临风险。由于存在不确定性,科技创新尤其是在基础研究领域很难预先规定和人为策划其发展，过于强调科技规划和引导，有可能将无限的创新可能性局限在有限的若干领域中，导致挂一漏万[①]。

3. 力量无法有效集中的风险

受到相关方权利分配或者管理水平的影响，新型举国体制所需的力量可能存在形式上集中，但实质上没有最大限度相互融合的问题，进而出现大事办成了小事，甚至 A 事办成了 B 事的情况。体制机制设计时，不仅要建立对事情本身的评估机制，也要建立对管理过程的评估机制。

4. 当前的遴选机制带来的风险

目前，对新型举国体制攻关任务的遴选大多基于对现状的线性外推，比较容易聚焦于当下，对未来预判不足。虽然对工程科技领域进行人为设计和规划在特定阶段确有一定的高效性，但如果长期通过国家行政权力使科学服从外部需要，容易忽视科学发展的自主性，会对科技人员的创造性研究产生抑制作用。

5. 国际规则制约带来的风险

新型举国体制主要由政府主导，调动全国各类创新主体共同发起重大科技任务攻关。从组织形式和目标功能来看，新型举国体制下的任务攻关符合科技创新发展规律，符合我国特殊国情的重要路径选择，但在成果转化、产品打造以及市场拓展等方面，要谨慎对待各类国际规则条件制约，尤其是公平竞争原则、非歧视待遇原则和透明度原则等。在新型举国体制技术攻关时期，在开展逆向工程、二次创新等环节要加强知识产权管理，避免引起不必要的争端。在立项之初，同步开展知识产权分析和规划。

---

① 黄涛，程宇翔.“科技举国体制”的再审视[J].科技导报，2015，33（5）：125.

6. 市场机制融入带来的风险

传统举国体制任务攻关主要由行政推动,随着市场经济的不断发展,在新时代中国特色社会主义大背景下,市场机制正在不断融入新型举国体制。一方面,市场机制的融入是推动新型举国体制演化的重要动力,有利于形成更高效、更符合时代发展的新体制;另一方面,市场机制融入带来了决策过程中与行政机制相平衡的挑战,尤其在主体选择、资源投入、任务分配、考核评价、利益分配、风险分担等关键环节,两者的平衡决定了参与主体的协同创新能力。

三、组织模式:任务类型、资源配置与主要机制

(一) 科技任务攻关的类型

1. 面向世界科技前沿的重大科技任务

在国家目标导向的前沿科技领域,围绕国家重大重点任务建立首席科学家制度,由政府主导招募首席科学家,首席科学家对项目负最终责任。针对有望成为今后主流科技的基础性、前瞻性科技前沿,鼓励科学家开展以兴趣为导向的自由探索研究。充分发挥国家重点实验室的科技前沿创新源头作用,加强基础研究和应用基础研究。加大国家自然科学研究的支持力度,鼓励一些科技前沿领域有更大跨越。

2. 面向国家重大需求和人民生命健康的科技任务

制定以国家目标为导向的定点委托制度,采用基于规则约束的定向择优或直接委托方式组织科技力量开展重大科技攻关任务。明确国家组织主体地位,强化国家动员作用,由国家负责项目的组织实施和监督协调。选定单一、有力的主体责任单位作为实施主体,给予主体单位充分的自主权和协调管理职责。

3. 面向国民经济主战场的科技任务

明确政府的支撑地位,建立以企业为组织主体的组织模式,强化

市场决定。充分发挥市场机制的决定作用,鼓励各类科技力量自发组织科研活动为国家科技创新服务。充分利用国家科技成果转化引导基金,完善多元化、多层次、多渠道的科技投融资体系,加速推动科技成果转化与应用。采取税收杠杆、政府引导等方式,落实研发费加计扣除、研发税减免、加速折旧、后补助等货币和财政税收政策,为企业科技创新提供优惠政策支持。

(二) 科技任务攻关的资源配置

新型举国体制下科技任务的资源配置包括创新资源投入、分配和利用,同时也包括资源配置的后道程序,即监测评价和考核评估等过程。在市场经济条件下,资源配置和重大科技项目攻关既要体现政府意志,又要体现经济价值增值。一般科技任务攻关的资源配置主要包括四个流程。第一,要对创新资源投入的主体进行区分,即哪些主体承载资源投入并组建队伍;第二,创新资源投入,包括项目资金、科技人才、科研设施、政策资源、信息资源等;第三,资源渠道,主要包括两种,一种是政府行政力量主导的资源,即国家财政资金和国有资本,另一种是通过市场机制获得的企业资金和市场资本;第四,资源分配方式,一方面考虑创新能力、任务情况和主体需求进行创新资源分配,另一方面给予市场资源一定的激励和回报(见图3-3)。同时,政府应引入第三方机构开展项目的监督和评审,设立竞争淘汰机制,提升资源匹配的合理性和科学性,提高资源匹配效率。在完成重大任务后,要以市场机制为主导对参与主体进行合理的利益分配。

(三) 科技任务攻关的基本机制

新型举国体制下科技任务攻关的基本机制包括组织机制、运行机制、激励机制、分配机制、评估机制、保障机制等,这些机制贯穿科技任务攻关开展和进行的全流程。新时代背景下,新型举国体制不断完善和迭代,从而进一步体现出市场力量介入下新型举国体制的

任务分类	面向世界科技前沿的任务	面向国家重大需求的任务	面向国民经济主战场的任务	面向人民生命健康的任务
任务目标	探索科技前沿的重大命题	攻关解决系统性产品和重大工程		全面提升行业系统的创新能力
创新主体	国家实验室、企业、高校、科研院所等			
资源投入	项目资金、科技人才、科研条件、政策资源、信息资源等			
资源渠道	国家行政力量：国家财政资金、国有资本、地方政府投入		市场力量：企业投入、金融资本、社会资金	
分配方式	公共资源分配：根据能力分配、根据任务分配、根据需求分配		市场资源分配：运用各种交易模式，包括期权、债券等	
相关机制	遴选机制：根据"四个面向"进行筛选，根据任务类别选择完成主体，各方参与技术方向遴选		动员机制：明确组织领导，规划动员制度，设计动员预案，建立利益补偿机制	
	运行机制：强化顶层设计和系统谋划，强化动员调配和多元投入，强化高效集成，强化责任传导		人才奖励机制：完善荣誉性激励，建立健全市场导向的薪酬激励制度，尊重人才价值，让参研人员获得与贡献相匹配的劳动报酬	
	保障机制 完善人才保障体系，建设各类战略平台，制定有利于创新的财政支持政策			

图 3-3　新型举国体制下科技任务攻关组织模式

特点和优势。

1. 组织机制

组织机制涉及创新主体参与集中力量办大事的动员和号召，即明确科技力量动员组织领导机构。规范科技力量动员制度建设，制定组织领导制度、协调制度、动员实施办法等。设计完备的科技力量动员预案，由供给主体主动配合国家科技力量动员工作，积极开展科技力量动员准备工作,快速高效地完成科技力量动员任务并建立相适应的科技力量动员利益补偿机制,实施与机会成本相对等的回报,提高参与组织机构和人员的积极性。

2. 运行机制

强化顶层设计和系统谋划,形成凝聚国家意志的创新治理机制。国家科技主管部门负责牵头做好顶层设计,重点解决"要做什么""谁来做""如何做"等问题。强化动员调配和多元投入,形成快速响应的资源配置机制。围绕任务需求,推动"主体—资源—机制"的快速响应和最优调配。强化高效集成和开放竞争,形成促进利益共享的协同创新机制。支持企业、新型研发机构、社会力量和国际力量共同参与国家重大科技攻关任务,形成责权利统一的利益驱动机制。强化责任传导和能力建设,形成实现功能目标的成果交付机制。把国家战略需求导向落实到部门职责和管理机制中,充分贯彻国家战略意志与发挥市场机制作用相结合。

3. 激励机制

发挥市场配置资源的决定性作用,实行以增加知识价值为导向的分配政策,让参研人员获得与贡献相匹配的回报。完善荣誉性激励措施,将参与新型举国体制下科技任务攻关与个人晋升、荣誉授予等待遇直接挂钩,提升重要参研人员的社会荣誉感,并得到社会尊重。

4. 分配机制

新时代背景下应遵循三个基本原则:一是根据创新主体的能力匹配相应的资源;二是根据任务能级匹配相应的资源;三是根据任务周期匹配相应的资源。尤其在一些面向国民经济主战场的重大科技任务上,要将技术攻关、产业化发展带来的收益与参研人员分享,形成集中力量办大事的技术股权分配机制。

5. 评估机制

评估机制指对科技任务攻关进行全生命周期的跟踪、监督和评估,并根据评估结果对任务目标、攻关模式和管理方式进行动态调整。强化评估后的问责机制,完善淘汰机制,将任务履约情况与科研诚信挂钩。

6. 保障机制

对我国现有科技力量存量进行摸排梳理,建立科技力量整体框架谱系,形成我国科技力量基础数据信息库;完善科技人才保障体系,提升人才创新活力,坚持重点领域本土科技领军人才培养和海外高层次人才引进相结合;加大对中青年科学家的支持力度,为具有发展潜力的中青年科技创新人才开辟特殊支持渠道;面向国家战略需求建设调整各类战略平台基地,强化国家实验室核心功能,构建以国家实验室为核心的多层、协同型国家科研体系;制定有利于创新的财政支持政策,加大中央财政对科学研究的稳定支持力度,建立长期稳定支持和竞争性支持相协调的投入机制,营造专心致研的学术环境。

四、上海探索:目标思路与组织设计

世界竞争格局发生重大变化,国际体系和国际秩序深度调整,基于科技创新的国际竞争越来越激烈,成为国际关系对抗性竞争的主要角力点。大国博弈的直接对抗要求在国家战略需求方面具备自主创新能力,要求在关键领域形成能力的集中突破。新型举国体制是我国科技领域跨越发展的法宝,也是未来战略性科研任务组织实施方式的重要选择。上海亟待发挥新型举国体制优势,把握新一轮科技革命和产业变革机遇,组织在沪国家战略科技力量,加快形成关键核心技术攻坚合力,提升科技创新体系效能。

当前,新一轮科技革命中创新主体、组织结构、联结机制、要素配置都发生了重大转变,迫切需要构建新的科技创新组织模式以适应创新范式的变革。为应对新科技革命的快速演进、创新范式的变革,亟须准确把握科技创新发展规律,把握战略性科技攻关任务的变化和需求,发挥新型举国体制在战略关键领域系统谋划、整合资源上的优势,优化上海国家战略科技力量攻关任务布局,强化战略科技任务组织能力。

健全社会主义市场经济条件下新型举国体制,打好关键核心技术攻坚战,提高创新系统整体效能,是新形势下我国发展科学技术的重要战略方针。在当前科技创新范式变革背景下,参与科技创新的主体利益更加多元,集中力量的难度进一步变大,更需要通过体制机制设计将国家战略科技力量等核心优势有效动员起来,实现科技创新资源配置效应最大化。新形势下,新型举国体制是统筹布局和配置国家战略资源、提高科技攻关组织水平和提升创新体系整体效能的重要路径。

(一) 上海使命

上海探索关键核心技术攻关的新型举国体制需面向世界科技前沿、面向经济主战场、面向国家重大需求、面向人民生命健康,以国家战略、国家意志和人民利益为根本出发点,发挥我国社会主义政治体制和社会主义市场经济的制度优势。以问题为导向,以需求为牵引,以最大限度调动和激发全社会科技创新能力和科技创新活力为手段,坚持政府主导加市场配置,坚持开放竞争、合作共享,坚持精准施策、精细管理的原则,构建规划引领、机制创新、组织保障、制度规范为要素的组织管理体系,为实现国家重大科技任务创新示范、引领发展的总体目标奠定制度基础,成为国家科技创新体系建设的典型示范和管理创新试验区。

使命引导下,上海的探索之路遵循目标导向、有效集中和激发活力三个原则。目标导向原则,即体制机制和管理制度设计坚持以加速科研产出、提升科技创新质量和提升体系运行效能并达成目标为核心。有效集中原则,即确保体制机制围绕保障任务成功来进行集中,包括目标集中,明确和统一战略目标以及关键任务;载体集中,确保清晰的责任主体,主责单位有充分的人财物决策权;资源集中,所有资源协调统一,充分挖掘国内优势力量供给任务的执行;时间集中,以中长期战略目标为指导,以每五年、十年等进行接续发展,直到战略目标实现为止。激发活力原则,需要以充分激发人的主观能动性、创造性为机制设计出发点,落实行政、技术双总师专职化和责任制,人才队伍专业化、稳定化长效机制,最大限度撬动任务团队的人力资源效能,围绕提升人员创造性设计配套保障机制。

(二) 组织设计

上海探索关键核心技术攻关的新型举国体制需从组织动员、资源配置、协调应急和评估调整等方面进行系统考虑和组织设计。

在组织动员方面,紧密围绕科技、经济和社会发展中的重大需求,根据"四个面向"的不同任务需求和特征,构建四类动员激励机制。

(1) 面向世界科技前沿的任务宜采用"政府主导、科学家自动员"的方式。由政府主导面向全球招募首席科学家,动员科技前沿的研究。充分发挥战略科技力量科技前沿创新源头作用,支持科学家及其团队开展以兴趣为导向的科技前沿自由探索研究,鼓励其长期专注前瞻性问题,尊重科学家自由思想的发挥。

(2) 面向国家重大需求的任务宜采用"政府主体、定向择优"的方式。为响应国家战略目标导向,该类型的任务需由政府负责整个项目的动员实施和监督协调,选定单一、有力的主体责任单位作为实施主体,给予主体单位充分的自主权和协调管理职责。充分发挥现有战略人才在承担重大项目时的经验优势,制定以国家需求目标为导向的定点委托制度,具体可采取直接委托或若干优势单位竞争委托的方式。

（3）面向国民经济主战场的任务宜采用"企业主体、市场导向"的方式。强化市场导向，鼓励企业采用自动员的方式开展科技创新，把自主创新作为自身发展的根本动力，提高整个行业的竞争力。政府在这一类型的任务中需要发挥引导作用，用好如研发税减免、后补助等政策工具，加大对中小型科技企业开展技术创新的支持力度。

（4）面向人民生命健康的任务宜采用"政府主体、市场导向"的方式。由政府负责项目的动员实施和监督协调，体现强烈的国家战略目标导向。通过财税奖励政策，充分发挥市场机制的自发主导作用，给予主体单位充分的自主权和协调管理职责。

在资源配置方面，需要优化经费投入结构和利益分享机制，建立多元化投融资体系。鼓励地方财政共同出资参与，重点支持研发成果在出资地区的优先应用示范和转移转化。鼓励企业，尤其是行业领军企业组建联合体，为项目实施提供若干倍于中央财政资金的自筹配套资金，重点投入产业化、市场化阶段。充分发挥国有企业在自主创新中的骨干与示范作用。鼓励金融资本和社会资本广泛参与，灵活运用股权、风投、税收、金融、保险等手段，大力吸引和引导社会投融资积极进入科技创新领域。此外，需要进一步夯实中央财政资金的核心引领作用，优化财权与事权的配置管理水平。持续提高财政投入规模强度，建立适应长周期科技创新投入需求的稳定财政投入机制；优化财政资金使用结构，重点布局配置在关键核心技术攻关、相关基础研究、公益性领域、公共资源平台等市场竞争前阶段，引导配套资金形成合力，全链条、全阶段一体化配置；下放微观财权，提升资金绩效管理水平。

在协调应急方面，需要强化"集中＋分散"管理方式，重大问题上体现集体行为，尽量减少重复，保证目标聚焦，使复杂的管理问题简单化，分散实施、分工协作，高效高速。在强化技术管理线上，加强总体专家组建设和规范管理，赋予技术总师和总体专家组更大的技术路线决策权、经费支配权、资源调动权,负责主攻方向、技术路线、集成方案设计,把握总体路线。强化主责单位对技术总师和技术团队的支撑力度,划拨专门管理资金,支撑技术总体组、咨询专家组、责任专家组等正常高效运转。在强化行政管理线上,科技部门抓总,集中负责统筹协调财政部、发展改革委与各专项牵头组织单位,统筹分配使用好中央财政年度资金,落实党中央、国务院的统一部署。

在评估调整方面,应做到独立、客观、公正、科学、有效开展。监督评估是保障重大科技任务顺利实施和总体目标实现的重要环节,强调独立、客观、公正、科学、有效。评估调整机制具体应由科技部牵头其他联席部门组织力量开展或委托第三方独立评估机构进行。应遵循客观、公正的原则,根据未来重大科技任务不同类型、性质有所侧重。监督评估重点关注任务研究的方向一致性及效率、效果,监督评估结论为主责单位和行政技术双总师提供管理决策参考意见,并为科技主管部门对重大科技任务作出中止决定及双总师任免等重大决策提供评估依据。同时在重大事项发生时,赋予监督评估组长直接向科技主管部门领导汇报的特殊权限。

第三节 从 10 到 100：发展具备创新策源功能的创新型经济

自熊彼特提出创新理论以来,创新在经济增长中的作用就越来越受到学者和社会各界的重视。新一轮科技革命和产业变革作为百年未有之大变局的重大变量,将全面重塑全球发展版图和地区间的竞争格局。上海经济形态越来越呈现出创新型经济的鲜明特征和比较优势,进入新发展阶段,发展具备创新策源功能的创新型经济成为世界科技强国和科创中心的重要内涵,是上海进一步深化"五个中心"建设、提升上海城市能级和核心竞争力的关键动力,是实现高质量发展的题中之义。培育新质生产力与发展具备创新策源功能的创新型经济,在发展目标和实现路径上不谋而合,两者均在新发展理念的指引下,以科技创新为根本驱动力,以产业培育为重要着力点,通过改造提升传统产业、培育壮大新兴产业、布局建设未来产业,最终实现高质量发展。

一、创新型经济的基本内涵与上海特征

创新经济学是一种不断发展的经济理论。熊彼特提出创新是经济增长重要因素的说法,并将技术创新分为下列五种类型:引进新产品或产出质量更好的产品;使用新的生产方法;开辟新的商品市场;获得原料或半成品的新供应源;采用新的企业组织形式。各界对创新型经济的基本内涵已达成以下共识。第一,创新已经从驱动经济增长的一种要素成为经济发展的核心,并扩散到整个经济体系,改变经济增长方式和发展模式;第二,知识和人才是创新型经济最重要的两个因素;第三,创新型经济主要以创新创业人才为依托,尤其是高技能人才和高端创业人才;第四,创新型经济不是简单的技术决定论或技术至上主义,而是包含技术创新、商业模式创新、业态创新等各方面创新的经济。

创新型经济是一个动态发展的概念,随着时代变迁和实践,其内涵不断演化。上海发展具备创新策源功能的创新型经济,其主要特征包括以下几方面。首先是先发性,科技创新不断带动社会经济发展,并且具有一定先发性、引领性,使得科技与产业的原创优势逐步凸显。其次是颠覆性,大量的破坏性创新创造出一系列新的价值网络,产品创新极为活跃,新需求被开发被满足,新市场被开辟被拓殖,原有产业受到创造性破坏的毁灭性冲击。最后是全球性,以全球市场为基底,在全球范围内联合推进创新型经济,在多个区域进行创新领域的竞争与合作,共同推进创新型经济的全球化发展。创新型经

济往往会在全球多个领先区域竞合推进。

二、他山之石:全球主要创新型城市实践经验

(一)纽约:技术赋能与多元体系

金融危机以来,纽约认识到要把全面推动创新创业作为新一轮发展的主要动力。在强大的资本市场帮助下,纽约抓住新产业革命的契机,依靠科技创新及相应政策更新带动经济新一轮快速增长。

1. 以新兴技术应用赋能优势产业领域

纽约的产业发展经历了从以制造业为主向以服务业为主的演化过程,当前纽约的科技产业与其他新兴产业、传统产业相互依托、相互促进、相辅相成,共同促进纽约经济的繁荣发展。早在 20 世纪 80 年代,纽约已经成为国际商务中心、金融中心、企业总部中心,集聚了面向全球市场最先进、最完备的专业性服务业。由此,纽约从以生产为主的制造中心演变为以商品和资本交易为主的金融贸易中心,经济再度扩张与繁荣。纽约的竞争优势和科技创新能力主要来自银行、证券、保险、外贸、咨询、工程、港口运输、新闻、广告、会计等专业性服务领域。在纽约,科技更容易与不同行业发生化学反应,增加不同行业创新的可能性,在新科技发展全面带动这些产业发展升级之际,还会发挥科技产业的溢出效应,拉动周边产业发展。

2. 打造科创中心获得多元竞争力

2020 年 6 月,国际知名创业调查公司创业基因(Startup Genome)发布的《2020 年全球创业生态系统报告》指出,纽约的创新创业生态系统连续多年排名全球第二,仅次于加州硅谷。通过罗斯福岛、硅巷等建设,吸引了大量企业,微软、谷歌、雅虎、3Com 等世界知名公司都在纽约设立了一定规模的研究机构;辉瑞、百时美施贵宝、Barr、博士伦、强生、惠氏等生物医药企业将总部或研发机构设在纽约和邻近的新泽西州;苹果、台积电等纷纷在纽约建厂,全球最大

移动互联网芯片基地落户纽约。纽约政府积极制定各类政策和措施,促进经济多样化发展,促使纽约成为更多大型科技公司在美东地区的发展基地。2009 年,纽约市政府发布研究报告《多元化城市:纽约市经济多样化项目》,提出政府将未来的扶持重点放在了对城市经济发展最重要的企业创新上,并相应制定了一系列招揽全球相关行业顶尖人员的各方面政策。纽约政府重点关注具有明显增长潜力的高科技产业,大力推动相关行业的发展,同时提出了许多切实可行的政策,例如,为高新技术与应用科技水平一流的院校与研究所进驻提供相应的土地使用权和项目资金等支持。

（二）东京:产业活力与人才战略

创新要素集聚是东京建设创新型区域和增强区域国际竞争力的关键。东京汇集了创新所需要的大量基础与要素资源,有力地推动了城市创新活动的发生。同时,工业产业集聚进一步促进了创新成果的市场化和产业化,形成了"研发—生产—制造—销售—再研发"创新循环系统,创新和生产要素在城市内部进行交互相融,通过创新循环系统不断反应,共同促进城市创新型经济发展。

1. 依托尖端技术引领新兴产业发展

东京通过技术创新实现成熟城市更新目标,"2020 年的东京"行动计划强调要在东京及其周边地区建设 10 个创新中心,以加强科创中心与金融中心的整合。从技术开发主体来看,东京将依靠中小企业具备的世界最高水准的源技术及独创技术提升创新实力。东京政府提出"以东京未来创新型产业为支撑带动日本整体经济发展"的目标,并通过举办创业科技大奖等活动发掘新技术。从产业发展方向来看,东京将聚焦优势产业并瞄准未来关注点进行技术突破。东京是全球机器人产业的引领者,面对新的发展形势和需求,发那科、安川电器、三菱电机等企业致力于将自动化、机器人与原有工业生产相融合,以开拓东京在全世界的市场份额并进一步带动东京城市经济的发展。为适应未来汽车产业发展的两大关注点——安全与环保，住友橡胶一直致力于环保节能技术的研发与应用，以适应市场需求并提供高附加值的产品。

案例：东京生命科学商务中心

日本国家特区规划的东京生命科学商务中心建设包含两大目标：一是推进先进医疗与生命科学的结合，二是通过特殊政策改进外国医师管理以及医疗实验制度。医疗实验制度特许于东京战略区内设立 6 所医疗机构，为了推动医疗生科产业发展，在这 6 所机构内施行不同于常规的新医疗政策。新医疗政策的内容广泛，包括能够推进医疗机构技术发展的临床运用、通过特殊保险制度所设立的病床试验制和外疗养，在这些机构内研究人员可以方便地获得机构内产生的各种病例数据资料，并在此基础上进行相关病症的基础研究，同时也能够提升医疗技术的安全性与有效性。为了增强相关领域的发展活力，在特区内建立生命科学商务促进基地，以推动研发成果的商业化和产品化，将制药公司与投资公司的相关业务进行匹配，极大地提升了生命科学产业的活力。

2. 实施人才战略发挥创新型经济效益

21 世纪以来，日本提出了一系列能够促进高技术领域科技人才培养的相关素质提高方案与战略规划，深刻地认识到高素质科技人才对于推进国家科技创新发展的作用。至此，日本逐步建立起了全面考虑人才培养、人才竞争、人才合作的良性科研环境。得益于日本实施的教育先行战略，国内培养出大量高素质的科技研发人员，形成了校政企良性合作、注重成果应用、高校教育联合机构研发的完备高等教育体系，推动了教育科技管理相关机构的迅速发展与顺利运作。例如，制定科学的产学研合作政策，发布《大学手册2020》，根据实践情况不断对技术的创新体系进行调节，增加高校毕业学生的就业机会，强化高等院校对于科技发展的推进能力，不断提升创新型经济创造的经济效益。此外，日本还提出"到2025年，企业对大学、研究开发法人等的投资额达到2014年水平的3倍"的目标。

（三）新加坡：全球揽才与持续扶持

新加坡是近年来全球最具竞争力的经济体代表和典型的创新型城市代表。新加坡经济的成功转型升级主要依赖于产业创新，同时新加坡的教育制度、科技基础设施、电信、互联网以及高科技出口都发挥了重要作用。总体来看，新加坡正处于第六轮"未来经济升级"阶段。新加坡国立研究基金会发布《研究、创新与创业2020规划》，提出了只有依靠国家稳定的互联网金融能力、人工智能科技创新能力，依靠完备的知识产权保护体系才能够打造出开放、包容、互通、活力四射的产业创新生态系统，并作为未来经济发展的核心任务。

1. 延揽全球人才助力创新创业

根据2020年彭博创新指数，新加坡高等教育率指标排名全球第一。新加坡当地媒体报道，2016—2019年，为不断引进高素质的知识产权人才，保证本国创新产业生态高效率运行，新加坡知识产权局共投入约70万美元，培养高技术创新型人才约500名。同时，为维持本土创新人才的产出，不断为国家技术创新注入活水，新加坡政府推出"环球校园计划"。根据该计划，耶鲁大学、芝加哥大学、麻省理工学院等全球知名高等院校将在新加坡设立人才培养中心或分校。为了进一步保障国内创新产业高科技要素之间的流动效率，维持国际创新竞争力，新加坡还推出智慧国家大方针，从基本国策方面将创新置于高位。

2. 持续扶持研究开发和创新创业

新加坡长期以来将科学技术的研发与创新创业的发展作为构建

创新型和知识型经济的基础,为此,新加坡推出第六个科技创新计划,并将生物医疗技术、科研人力资本、可持续发展城市、经济数字化和国家创新体系等全方位、各领域、各环节的创新扶持作为重点。同时,新加坡建立了众多国家级实验室和研发中心并推出"大学—企业研究室"计划,旨在吸引国内外企业与当地大学开展合作研发。2021年,新加坡提出"研究、创新与企业2025计划",聚焦新加坡的科学技术发展战略方向、科技研发重点产业,以及对相关领域的核心支持计划等,预计在2025年之前投入约1230亿元人民币,进一步推动科学技术的研发创新,为社会层面的创新创业活动注入活水,其中约25%的预算用于制造业、可持续发展、数字经济、生活健康四大领域的拓展,提升新加坡的科研技术发展与技术创新能力,顺应时代潮流的发展所产生的新需求进行技术的革新。

案例:新加坡人工智能战略

长期以来,新加坡十分重视前瞻性尖端技术的发展,其对尖端技术行业的敏锐嗅觉得到国际业界的广泛认可。2017年,新加坡宣布实施国家人工智能战略,该战略重心在于提高新加坡人工智能的使用范围与使用率,预计2030年能够实现160亿美元的人工智能价值,并为实现目标拨款约1.5亿美元,以此为新加坡今后的人工智能经济生态奠定基础。为确保人工智能在智能城市、智能交通、智能物流、智能教育、智能医疗等领域的渗透与发展,新加坡还推出了人工智能计划,该计划形成了人工智能金融产品开发、人工智能科研能力深入优化、金融机构用户配对等全方位、全配套的完整产业生态链条,在生态链的全环节实现金融的智能化和自动化。

三、立足当下:上海的基础与趋势研判

(一)上海发展具备创新策源功能的创新型经济的基础优势

集成电路、生物医药和人工智能等重点领域原创科技成果不断涌现,战略性新兴产业重大技术突破夯实创新型经济发展策源基础。在集成电路领域,着力围绕高端芯片、先进工艺、装备材料、电子设计自动化等核心任务,集中力量组织攻关。在生物医药领域,推动创新产品开发实现突破。联影医疗全景动态扫描 PET - CT 成为全球首台可实现人体全身实时动态成像的设备,拥有业界最高的空间分辨率和灵敏度,CT 球管实现 5 兆能级产品国产化,解决部分"卡脖子"问题。微创"火鹰"支架以全球最少载药剂量获得金标准疗效,《柳叶刀》创刊约 200 年来首次出现中国医疗器械的身影。在人工智能领域,推出了一批人工智能硬核产品。天数智芯 7 纳米通用 GPU 芯片发布,性能领先国际主流芯片英伟达 V100,有望打破云端训练芯片"卡脖子"问题。此外,战略性新兴产业重大技术加快突破。自主研制的大飞机 C919 飞上蓝天,千米级高温超导电缆应用示范工程启动,自主知识产权的 100 千瓦微型燃气轮机填补国内空白,国产燃料电池汽车电堆和动力系统关键技术取得突破。

利用人工智能、大数据、工业互联网等硬核科技,发挥上海优势条件实现全面融合,突破传统业态进一步夯实创新型产业生态,为互联网企业融合发展提供了良好的基础,成为驱动上海高质量发展的新引擎。互联网经济深耕细分领域,产业业态完善。上海成为国内在线文娱领域行业门类最全、龙头企业最多的地区,拥有全国网络文学 90% 的市场份额,网络游戏占全国比重近 30%,上海占有国内第三方支付 60% 的市场份额。生鲜电商零售领域汇聚了一批该领域的知名企业,在新冠疫情的影响下,上海生鲜电商发展步入快车道。在

线医疗领域在新冠疫情暴发过程中迎来发展大机遇。平安好医生 2020 年保持良好的增长态势,实现总收入 68.66 亿元,同比增长 35.5%;商汤科技的 Sense Care 智慧诊疗平台完成快速升级;爱达品智基于数十年罕见病数据库推出爱达问诊 App。

在线新经济头部企业增长强劲,企业量多、产业覆盖面广。2022 年,上海有 18 家企业入选中国互联网企业百强,居全国第二位,仅次于北京(32 家),8 家企业进入中国互联网企业前 50 强。一批新兴头部企业成为细分领域的领军企业。视频弹幕网站(哔哩哔哩)上聚集的数十万 UP 主(专业视频创作者),逐渐成为中国年轻一代聚集的文化社区和视频平台。携程通过提供差异化定制服务,已然成为在线旅游行业的龙头。喜马拉雅凭借听书这一新兴阅读方式,2022 年内容消费额超过 29.9 亿元。

科技服务业总量保持稳定快速增长态势,创新创业服务支撑体系持续优化。从 2011 年的 447.02 亿元增长至 2021 年的 2 079.52 亿元,年均增长率约为 16.7%,其中 2014 年增幅最大,为 37.7%,2021 年增幅为 10.7%(见图 3-4)。

图 3-4　2011—2021 年上海科技服务业生产总值增长趋势图

　　创新型企业规模持续扩大，技术市场交易额稳步增长。张江示范区集聚了近10万家创新型、科技型企业，309家境内外上市企业，9 000余家高新技术企业，全国1/7的科创板上市企业。上海技术转移服务市场日渐活跃，2011—2021年，上海市各类技术合同成交额从550.32亿元增长到2 761.25亿元，年均增长率为17.5%（见图3-5）。技术合同含金量进一步提高，成交额排名前五位的技术领域分别是电子信息、先进制造、生物医药和医疗器械、城市建设与社会发展、现代交通。

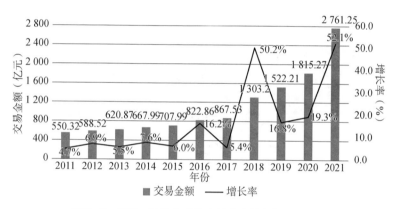

图3-5　2011—2021年上海市技术交易金额及增长率

　　在人才政策体系逐步完善、人才发展的综合环境不断优化的背景下，创新型人才红利初步显现。2015年，上海市委、市政府发布《关于深化人才工作体制机制改革促进人才创新创业的实施意见》，推出实施人才"20条"。2016年，《关于进一步深化人才发展体制机制改革加快推进具有全球影响力的科创中心建设的实施意见》出台，推出实施人才"30条"。2018年，市委召开人才工作会议，出台人才高峰行动方案，不拘一格遴选全球高峰人才。2020年，《关于新时代上海实施人才引领发展战略的若干意见》发布，各部门纷纷出台配套政策,为创新型人才的发展添砖增瓦。国内外科技创新领军人才集聚上海。引进人数稳步增长,引进人才具有年龄优、层次高、市场认可、创新能力强等特点。

全球创新资源配置能力逐步增强。外资研发中心的创新产出规模和质量在上海创新体系中占据重要地位。2011—2021年,在沪外资企业研发投入持续增长并保持高位,在沪规模以上外商投资工业企业研发经费从2011年的142.95亿元增长到2021年的213.86亿元(见图3-6),年均增长约4.1%。规模以上外商投资工业企业已成为本市规模以上工业企业引进境外技术的绝对主力。2011—2021年,规模以上外商投资工业企业的引进境外技术经费支出从34.65亿元增长到139.45亿元,年均增长约14.9%,占比从53.1%上升到了94.7%(见图3-7)。外资研发中心的踊跃入驻与蓬勃发展,除了体现上海区位便利、人才充沛、产业集聚等优势外,更是上海国际化法制化的营商环境、开放包容的创新文化以及城市国际影响力的生动诠释,为上海创新型经济发展提供支撑。

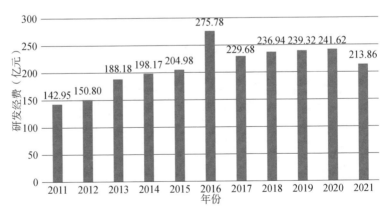

图3-6 2011—2021年在沪规模以上外商投资工业企业研发经费

图3-7　2011—2021年在沪规模以上外商投资工业企业引进境外技术经费支出及占全市规模以上工业企业比重

多层次资本市场加快构建，基本覆盖科创企业不同阶段的融资需求。科创板设立并试点注册制，截至2020年底，累计上市企业215家，募集资金总额超过3000亿元，总市值近3.5万亿元。其中，在科创板上市的上海企业37家，募集资金和市值均居全国首位。构建了以科技小微企业微贷通贷款、履约保证保险贷款和科技小巨人信用贷款三大产品为主，以高企贷、知识产权质押、创投贷等个性化科技信贷产品为辅的"3＋X"科技信贷服务体系，基本覆盖了科技型企业不同成长阶段的融资需求。

（二）创新型经济的未来：产业新赛道不断生发

创新是城市经济发展的动力，是实现高质量发展的根本。当前，新一轮科技革命和产业革命正加快孕育突破，各类科学技术迅猛发展。随着科学技术不断进步、资源与环境问题浮现、市场需求日益复杂多变等新挑战的出现，在全球科技创新浪潮中，大数据、人工智能等技术不断促进经济体制变革和业态创新，全球经济发展的技术体系、生产模式、组织形式出现重大变革,数字化、智能化、低碳化成为创新型产业的重要趋势。此外,新型工业化、低空经济、生物制造、量子科学等新型产业、未来产业不断开辟新赛道。

1. 数字技术改变经济运行模式

未来数字化消费、数字化生产、数字化网链、数字化资源配置、数字化全球产业和创新合作,在全球有极为广阔的发展空间,新技术将孕育新的数字经济。数字化生产是数字经济的新蓝海,如在传统制造业领域,产业数字化提高了整个供应链到客户端生产过程的效率与安全性。一是通过环节解构与数字化链接,形成了以产品为中心的云生产模式;二是利用工程机械数字化进行远程监测、智能化派单等;三是通过人工智能配置资源进行生产融资,降低融资风险,提高融资安全性。在数字化消费领域,5G 技术的发展将带来智能体育、智能教育、智能驾驶等新消费形态的发展。在数字化网链领域,依靠数字化网链提高产业链效率和安全性。在资源配置领域,数字全球化助力全球资源新配置,复杂产品、服务和研发呈现全球分工新局面,在传统国际贸易不断削减的同时,数字全球化却在飞速发展。

2. 智能技术大幅提升经济运行效率

人工智能等高新技术的快速发展将改变经济的运行效率。智能经济体现在各行各业,与其相伴而生的业态智能化体现在医疗、城市保障、教育、交通等与生活息息相关的各个方面,新业态的发展必然会进一步带来新的市场,新的市场会带来新的商业机遇。当前人工智能技术已经全面融入人们的日常生活,使得生活更加智能、便捷、安全。例如,在传统领域中,发电企业、石化企业进行生产工艺的大数据化、自动化控制;在城市建设中,部署城市摄像头来建造城市大脑;在商业模式中,通过语音识别、图像识别、文字识别等相结合开发智能音箱;在生物医药领域,利用人工智能进行疾病筛查、辅助诊断治疗、助力新药测试等。

3. 绿色低碳技术成为可持续发展新引擎

新技术正加速赋能低碳经济,全球金融危机促使世界经济向低碳化深入发展,以低碳为代表的新技术、新标准、新规则层出不穷。以发达国家为主导,世界各国都相继将低碳经济作为投资发展的重点领域。低碳能源方面,欧洲北部普及风力发电,南部已实现太阳能发电普及,日本实现电力行业的发送分离,推进太阳能发电,并引进海上风力发电机制,追求进一步提高可再生能源的利用率。在低碳城市方面,哥本哈根预计于 2025 年前实现碳中和,其城市市政的气候行动计划启动 50 项举措,其绿色产业 5 年内的营收增长了 55%。在低碳交通方面,各城市开展零碳化新型载运工具技术、智能交通系统技术、低碳交通基础设施技术等研究。在低碳建筑方面,开展低碳建筑建造技术、低碳建筑运行技术、低碳建筑智能化集成技术等研究。建立健康有效的能源低碳经济体系,是一座城市保持全球领先地位、带动全球经济发展变革的重要使命。

案例:英国先进制造业计划

2023 年 11 月,英国政府发布先进制造业计划,旨在通过提高投资、促进国际合作等方式发展汽车、氢能、航空航天等战略性制造业。该计划投资规模将达到 45 亿英镑(约合人民币 405.36 亿元),涉及汽车、航空航天、生命科学、氢能、风能等多个领域。其中,英国政府将投入约 30 亿英镑用于发展汽车制造业(包括电池制造业)和航空航天行业。

该计划将重点推进净零转型和数字化。一方面加强氢能、核能、可再生能源、CCUS(碳捕获、利用与封存)、工业脱碳、汽车、航空航天等领域的净零研究投资;另一方面,引导数字技术全面融入制造业,通过行业创新加速器、实施"让制造更智能"计划等,汇聚数字领先企业,加快数字技术的推广应用。

四、叩问前路:发展新质生产力是关键点与突破口

立足新时代,形成创新型经济架构是上海研判经济社会发展大趋势、完善经济发展格局的重大战略举措,更是实现质量变革、效率变革和动力变革,促进上海经济高质量发展,提升城市能级和核心竞争力的关键动力。创新型经济的发展需以科技创新为根本驱动,进而全面激发创新活力。发展具备创新策源功能的创新型经济的关键点和突破口在于培育新质生产力,以科技创新推动产业创新和能级跃迁。在培育新质生产力、发展壮大创新型经济的过程中,通过激发人的创造性,发挥新质生产力的人才红利;提升科技创新策源能力,强化企业创新主体作用,以高水平科技供给加快构建现代化产业体系;逐步推进体制机制改革,改变生产关系中与新质生产力发展不相适应的部分,在深化改革中破除制度性堵点。通过对标新加坡、纽约和东京等全球城市发展创新型经济的相关举措,建议在人才、头部企业、重大平台、关键渠道等环节集中发力。

(一)提供新动力:充分发挥各类创新创业人才红利

积极引进高素质创新型人才队伍。依托战略力量引进集聚战略人才,面向海内外重点招揽战略科学家、高层次领军人才及团队。在科技创新人才跨境自由流动、择业、创业机制方面加快与国际接轨,形成无摩擦人才引进、使用路径。自主培养面向未来的创新型人才。以发展新质生产力、提升产业竞争力为导向,动态调整学科专业结构,提高专业设置的科学性、实用性和前瞻性,促进高学历人才高质量就业。建设服务于新质生产力的职业教育体系。在技能型人才培

养上,加强校企合作,推动产学研紧密结合,增强人才培养的产业适用性。以市场化的人才激励机制激发人才活力。构建充分体现知识、技术技能等创新要素的收益分配机制,通过技术股权分配、成果转化奖励等市场化激励机制,激发各类人才的创新活力和潜力,为培育新质生产力提供人才支撑。激发人才活力、发挥人才红利需要从根本上理解人才诉求,关心人才理想,尊重人才价值,为人才塑造知识型社会良好环境。

(二)创造新供给:探索战略前沿技术快速突破

聚焦重点产业领域,集中力量突破前沿技术。以解决问题为导向,积极疏通基础研究、应用研究和产业化双向链接快车道。集中推动战略性新兴产业和未来产业的发展,在重点产业链环节、高端装备制造、核心零部件、关键材料、关键工艺等核心技术和产业基础能力上,实现自主可控,以类脑智能、量子信息等前沿科技为攻坚方向,以光刻机、芯片制造等"卡脖子"领域作为战略性新兴产业的重点技术突破口,优化核心技术攻关新型举国体制,打破部门和行业壁垒,鼓励跨界合作和资源共享,提升科技创新体系化能力建设。在原创性、前沿性、未知性的领域积淀雄厚的技术储备,打造未来技术应用场景,加速形成对战略性新兴产业和未来产业的技术供给。面向战略前沿领域开展前瞻布局和技术预见,围绕若干前沿技术领域布局新一批市级科技重大专项。发挥大科学基础设施溢出效应,成为产业技术的源头供给和战略储备。围绕本市先导产业,部署重点科技攻关任务,发挥大设施攻关利器的作用,加速科学的社会效益向经济效益正面溢出。

(三)集聚新主体:做大做强一批创新型企业

以企业为主体,以市场为导向,产学研相结合,构建由龙头企业、大学、科研机构组成的团队,培育并形成一批既能组织上中下游产业链水平分工,又能实现垂直整合的创新引擎企业。以企业的发展需求和各方的共同利益为基础,以提升产业技术创新能力为目标,建立企业创新联盟。做强世界一流企业和创新产品,力争新增 1~2 家企业进入世界 500 强,打造卓越高端产品品牌,深入挖掘市场需求潜力,加强中高端产品供给能力,打造市场美誉度高、质量掌控力强的精品,推出爆款产品。支持创新型企业加快发展,完善本市高新技术企业培育机制,加大配套政策实施力度,大力发展高新技术企业。支持独角兽企业加快商业模式创新应用,形成独特优势。引导企业专注细分领域,打造百年老店。促进大中小微企业融通发展,以龙头企业为引领,发挥平台型企业的作用,带动上下游配套中小企业发展。鼓励企业牵头建立投资主体多元化、管理制度现代化、运行机制市场化的新型研发机构,探索政产学研联合支持机制,优化科研力量布局。

(四)培育新产业:加快技术运用打造核心竞争力

以颠覆性技术为突破口,抢先发展战略性新兴产业和未来产业,加快传统产业高端化、智能化、绿色化升级改造,积极发展数字经济和现代服务业,加快构建具有智能化、绿色化、融合化特征并符合完整性、先进性、安全性要求的现代化产业体系。顺应数字服务市场转型发展趋势,专注细分领域,注重用户需求和体验,不断迭代创新,结合海派文化气质、商业基因,以极致完善的商业模式辐射全国,复制推广上海服务,开拓和深挖下沉市场,占领巨头从未进入的"无人区"。利用人工智能、大数据、工业互联网等硬核科技,变革传统业态底层的运行逻辑,开辟与传统制造业、服务业不同的发展航线,创新推出丰富的新业态、新模式。以新质生产力赋能绿色发展,加快绿色科技创新和先进绿色技术推广应用,加快形成新质生产力推动经济朝绿色、低碳方向发展,聚焦碳中和、碳达峰目标,推进节能服务、环保服务及资源循环利用服务等共同组成的节能环保服务体系建设,加快各类专业化节能技术和服务升级。打造产业链协同共赢的市场化激励机制，加快布局共性关键技术功能型平台，聚焦人工智能、集成电路、智能制造等核心领域，以雄厚的科研力量为凝结核，以市场化运营方式为加速器，集聚各路资源，带动产业升级。

（五）打造新场景：搭建新兴技术示范应用空间

应用场景可以加快新兴技术的实际落地，助力创新型经济发展。推动数据资源和应用场景深度开放，聚焦集成电路、人工智能、生物医药、5G 技术应用等领域，密切跟踪新兴产业热点技术和服务的进步方向，加大创新应用场景和公共数据的开放力度，以应用场景的挖掘助推创新型企业培育造血功能。拓展数字技术的应用场景，全面推进城市数字化转型，开放一批示范引领、创新应用的新技术场景，推动消费互联网和工业互联网互通，为发展提供广阔舞台。在目前已实现的嘉定区 463 平方千米全域自动驾驶载人示范、临港智能公交和智慧物流、奉贤自动泊车示范、浦东金桥中心城区自动驾驶，及公交、环卫等联动发展格局的基础上，进一步开放无人驾驶测试。放宽行业准入门槛，可以优先在医疗、教育、养老、法律等公共领域加大数据开放的力度和广度，推动线下线上互联互通互认，以数字场景开放推动民生保障更均衡、更精准、更充分，支撑超大规模智慧制造、智慧教育、智慧医疗需求，稳定和扩大新型消费，扩大在线新经济赋能带动优势。

（六）缔造新规制：深化改革破除制度性堵点

优化政策环境助力创新型企业发展，引导金融企业加强对初创企业的前期投资。积极扩大和强化政府科技产业引导基金，通过直接投资、定向基金和非定向基金等多种投资方式，引导各类政府产业投资基金在战略性新兴产业和未来产业方向上提供支持。同时，完善央地合作，鼓励政府科技创新基金与社会资本合作，形成多层级、多领域的产业引导基金网络。积极探索形成财政资金、国有资本收益和社会资本多渠道投入的滚动机制。加大科技型中小企业技术创新资金、高新技术成果转化认定资金等科技政策对科技型中小微企业的扶持力度。针对科技型中小企业的研发支出,以及场地租金、用工等生产要素成本,鼓励各区给予一定比例的财政补助。依托上海技术交易所,为科技型中小微企业提供知识产权鉴定、质押融资等服务。细化面向中小微企业的政府采购支持办法,明确中间环节供应商的中小微企业参与比例,落实分包制度。支持孵化器做大做强,发挥孵化器对初创企业的信息优势,支持有条件的孵化机构增加天使投资功能,优化国有孵化器的激励机制。

第四章

空间响应：引领长三角科技创新共同体建设

全球科创中心的形成和发展是时间因素和空间因素交互作用的结果。从全球科创中心的演进路径来看，在空间上呈现单点突破和群体性跃迁相继迸发的特征，单个城市和地区已经难以承载引领新一轮科技创新发展的重大挑战。区域协同创新发展正成为国家创新体系的重要组成部分，是地区代表国家参与世界科技创新合作和角逐的力量源泉。上海作为长三角城市群的增长极，是长三角地区科技创新活动的重要节点和枢纽，通过集聚和扩散两种空间力量与周边城市加强联系、互动和交流，使长三角创新空间格局向多节点、多层级的网络结构演变，努力建成具有全球影响力的科技创新共同体。

第一节　跨区域科技创新一体化发展的共同目标

一、跨区域协同创新的新型组织——科技创新共同体

共同体是一个以地缘划分人类群体的概念，是一个多方参与谋求共同发展的载体，经常被广泛引入其他研究领域(谢章澍、杨志蓉，2006)。对科技创新共同体概念的解析可以从对创新共同体的认识开始。从定义上看，创新共同体是区域内部各空间邻近的创新主体

间进行合作,并由此产生化学反应的协同创新区域(筱雪等,2015)。Lynn 等(1996)提出,技术商业化的过程涉及一系列直接或间接参与的组织,需要广泛研究实现创新所需要的功能和制度安排,由此产生了创新共同体这一新概念。但也有学者认为,创新共同体不仅是个新概念,而且承担着特定的现实功能,需通过制度设计和管理手段支撑其目标,从而实现区域经济协同发展的实体(王峥、龚轶,2018)。

2008 年,美国大学科技园区协会等组织陆续发布了《空间力量:建设美国创新共同体体系的国家战略》《空间力量 2.0:创新力量》等报告,给予科技创新和产业发展的空间因素以高度的关注,提出了创新共同体这一协同创新的新组织形式。从功能实现上看,创新共同体可以被认为是区域创新系统的进一步深化,Tödtling(2009)认为区域创新体系由高校、研究和教育机构、创新型企业等内生性组织和其他支持知识转移或创新融资的组织共同构成,并指出研究机构和企业之间的互动至关重要。从构成要素上看,胡宗雨和李春成(2015)认为创新共同体是以知识创新为基础,以科技园区为创新载体,以市场需求为导向,以各创新主体间的协同为驱动力,实现创新价值的一种创新生态系统,其核心要义一是基础设施、创新政策、信息资源、生态环境等创新资源的共享共用,二是人才、资本等创新要素在统一市场上的自由流动,三是创新链、产业链的分工有所侧重、合作互补、发展共赢,四是创新主体间创新合作的宽泛化与常态化,五是创新文化、创业文化、创意文化、合作文化等的融会贯通。苏宁和屠启宇(2013)认为美国创新共同体包括大学与学院、科技园区、联邦实验室和私营研发企业等,其主要目的是充分挖掘和利用潜藏的创新能量,并主要围绕私营研发企业,加强主体间的协同创新。

从构建创新共同体的意义来看,李春成(2018)认为创新共同体既提供了西方传统文化下的各创新主体协同的内容架构,同时也让我国现实环境下的决策管理看到构筑合作文化、获得共赢理念的可能性。因此,创新共同体可以为科技园区、经济开发区以及跨区域的科技合作战略规划决策提供参考,从而真正实现协同创新目标。构建创新共同体在国家层面能够为当代中国新发展理念提供很好的示范效应,在国民层面能促进人员的往来交流及就业出行等,在地区层面可以更好地发挥各地优势促进交流合作,在产业与行业发展层面可以通过创新一体化建设促进政治、经济、文化、社会、环保等方面的一体化推进(韩英军等,2016)。

二、科技创新共同体的内涵与特征

在全球化的知识经济时代,科技创新合作越来越普遍,创新合作的边界已经跨越行政边界甚至是国界,但在合作模式、知识共享、创新成果分享等方面还有许多机制需要探讨。创新共同体的提出丰富了区域、产业协同创新理论,体现了微观创新实践和宏观创新管理的有机结合(王峥、龚轶,2018),其核心要义是整体性和动态性,即强调创新要素的有机结合而不是简单相加,且整个系统在不断地动态变化(陈劲、阳银娟,2012)。综合创新系统理论、区域协同创新理论及创新生态系统理论的研究结果,可以认为科技创新共同体是一种致力于支撑创新的实践共同体的组织形式,是基于一定的政治、经济、社会、文化等背景,以共同的创新愿景和目标为导向,以快速流动、充分共享的创新资源和高效顺畅的运行机制为基础,各创新组织之间开展创新交互和协同合作,彼此间形成紧密的创新网络,推动个体成员创新能力的增强,以及区域整体创新竞争力和影响力提升的特色创新组织模式。

科技创新共同体是客观存在的具有共同利益诉求和理念价值取向的创新组织方式,该组织致力于构建跨越边界的联系,大多聚集于特定的地区,整体呈现出一种自觉而有序的状态。从不确定的无序状态逐渐过渡到适度的有序状态,这正是创新活动和组织形式不断进化的一种表现。科技创新共同体建设的核心内容主要包括创新主体协同合作、创新要素自由流动、创新体制机制壁垒彻底消除、创新产业合作错位互补、创新合作形成常态化、创新文化融会贯通。

科技创新共同体的主要目的是产生创新并为特定的创新过程提供支持。从创新生态系统到创新共同体，创新理论实现了从分散自发、自下而上发展到自觉集约、自下而上与自上而下有机结合发展的又一次突破，具备四个典型特征：围绕学习和能力构建、以行动为导向、有明确的领导者进行组织和管理、强调分享和相互学习。其基本框架包括以下四方面内容。

（1）有共同的、明确的价值观与目标。创新共同体的共同目标是重视个体成员利益，通过合作实现共同体的总体目标，共同目标的建立基于相同的价值观，主要包括对分享精神的共识、对互利合作共赢等理念的追求，以及对区域协同创新发展的认同等，例如欧洲研究区的目标是提升欧盟整体创新能力。

（2）有必备的创新合作基础。人才、资金、技术、信息等创新资源是创新共同体的能量，是共同体得以运转的重要物质保障，创新共同体的建设除地理邻近外还需要有认知基础、组织基础、社会基础和制度基础。

（3）有多元创新主体的参与。参与创新共同体建设的主体包括所有直接参与创新活动和支撑区域创新功能的主体，例如企业、高校及科研院所、政府、中介机构，以及产业创新联盟、行业协会等各类创新平台与载体。

（4）有相应的体制机制支撑，主要包括驱动机制、运行机制与保障机制等。其中，驱动机制是诱导创新共同体形成的关键环节，是协同创新共同体得以建立的首要条件；运行机制是区域内部各创新主体和创新要素之间在创新活动中的相互联系和作用的方式；保障机制是保证协同创新活动正常运行和发展的动力机能,对创新共同体发挥重要的支撑作用。

第二节 科技创新共同体建设的探索与实践

一、从 ERA 到 ERC:欧洲科技创新共同体演化发展

当前,欧洲科研一体化已经发展到了非常成熟的阶段,通过国家、地区间的权力让渡和利益博弈,在大量项目研发合作计划的基础之上,构建了一套制度化且行之有效的长效合作机制,包括政策立法、资金保障、运作机制、基础设施、组织保障等。总体来看,科技共同体的合作不仅存在于基础研究领域,也深入产业活动,在扩大区域经济规模、加强产业协作、共同分担风险、提升溢出效应等方面开展战略指导。这有利于经济联系密切的地区开展跨地区、跨部门深度科研合作、聚焦重点产业方向、加强经济区域协同、扩大科技产业辐射力。欧洲科研一体化发展取得成功的关键在于为科研一体化提供制度保障,并在演化发展和实践中探索出了能够保障制度运转,激发科研创新活力、产业驱动力和科学家创新精神的联合运作机制,具有深远的参考意义。

(一)初期形成了三个关键治理机制

1984 年,欧盟正式实施第一个"欧盟研究与技术发展框架计划"(简称"框架计划"),该框架计划是欧洲科研合作的基础框架,由欧盟出资对合作研发项目进行统一资助,打破了欧洲国家间仅停留在项目层面合作的境况,成为推动欧洲科技创新的主要方式,在欧盟科技创新一体化进程中具有里程碑意义。框架计划能够持续贡献并实施至今,得益于在计划设立初期形成了三个关键治理机制——价值评

估机制、立法机制和资金匹配机制。框架计划的核心价值在于制定了既能有效利用欧洲共同体创新资源,又能适应成员国独立研发的政策,确立了欧洲科学合作的模式基础。

价值评估机制有效促进了科研合作从阶段性向长期性转变。框架计划确定了科研合作的价值评估体系——里森胡贝尔指标,该指标根据欧洲的价值增加来评价欧洲科研活动,使第一框架运作时期的工作成果得以有效体现,还将科研活动的价值与产业和市场效益衔接,引导各国着重发展竞争前合作研发,从而扩大技术辐射,推动重点领域科技研发成果在各国产业集群间转移,进而促使各国用于提高产业竞争力的科技创新预算大幅增长。

立法机制推动了科研合作机制从临时性、对话性向制度性转变。20世纪90年代实施的《欧洲联盟条约》通过了关于框架计划的三项立法(《欧盟贸易法》第182~183条):①定义了科学以及要实现的技术目标,表明了广泛的活动范围并确定了联邦财政部的最高总额和计划细则;②确定了实施框架计划的每个具体计划,对每一个特定计划提供实施的详细规则,确定其持续时间;③确定了企业、研究中心和大学的参与规则,并规定了研究成果的鉴定规则。《欧洲联盟条约》相关法规的制定确立了框架体系的法律地位,构建了科技创新资源共享的法规基础,使其成为欧盟科研合作的根本保障。

资金匹配机制确立了科研合作过程中风险共担、利益共享的原则。为了协调地区间科研资金投入,欧盟定期举行部长会议,就符合框架计划方向与目标的项目,根据项目的类型与性质(如基础研究或市场应用)确定项目的投入构成。各成员国(也包括私人企业)可以自由选择投资哪一个项目。而项目要实施,必须满足以下条件:①拥有至少来自两个成员国的合作者;②项目融资实行公平回报原则,需具有可以确认的预期利益;③证明项目获得了稳定的资金支持。由此保证各国任何有学术前景的科学研究和有商业价值的新技术都可以获得框架计划的支持。2021—2027年新一轮研发与创新框架计划预计投资1000亿欧元,旨在促进欧盟站在全球研究与创新的前沿,发现和掌握新的、更多的知识和技术,强化卓越科学,促进经济增长、贸易和投资,积极应对重大社会和环境挑战。

(二) ERA:统一的研究与创新区域

为避免欧洲研究与技术开发力量分散、研究与成果运用脱节等现象的发生,欧盟于2000年在"里斯本战略"下正式建立了统一的欧洲研究市场——欧洲研究区(European Research Area,ERA),这是欧盟打造的统一的研究与创新区域。欧洲研究区的设立是欧盟推进科研一体化的一项重要举措,目标是为整个欧盟的研究、创新和技术创建一个单一的、无国界的市场,其概念类似单一市场或单一货币,通过整合欧盟各国的研究与创新力量,建立各国间有效的研究与创新合作机制,找到各国研究与创新竞合的平衡点,提高欧盟整体的创新能力。

在科研经费上,ERA要求成员国必须实现研发投资占GDP比重3%的目标,并自愿将公共研发投资的1%投入联合研发计划和欧洲合作伙伴关系,以促进成员国间的进一步合作。在配套设施上,ERA通过欧洲研究基础设施战略论坛,促成了所有科学领域的63个欧洲研究基础设施计划的制定;通过开放科学倡议和欧洲开放科学云改善了对开放、免费、可重复使用的科学信息的访问,为研究数据创建了一个欧洲云区域,通过开放和协作的资源共享实现更好的科学合作。

(三) ERC:确保欧洲对卓越研究的追求

2007年,欧洲研究委员会(European Research Council,ERC)成立,是欧洲领先的前沿研究资助机构之一,致力于推动欧洲科学卓越发展,为其成为全球工业领袖提供服务。ERC是欧盟"地平线2020"

和"地平线欧洲"创新计划中重点项目和资助金额最大的研究基金组织。同时,ERC设计了一套公平竞争、服务科研的制度,以卓越竞争为基础,以人才为核心导向,优化了欧洲的研究和创新环境。

1. ERC的使命及取得的成效

ERC的使命是通过有竞争力的资金鼓励欧洲国家协同开展最高质量的研究,并在科学卓越的基础上支持所有领域的研究人员开展前沿研究。从长远来看,ERC计划通过高质量的同行评审、建立成功的国际基准来加强和塑造欧洲的研究体系。自成立以来,ERC资助了12000多个项目和10000多名研究人员,促成了2200多项专利和其他知识产权申请,帮助创立了400多家初创企业。受ERC资助的研究人员在前沿学术期刊发表了超过20万篇文章,斩获了12项诺贝尔奖、6项菲尔兹奖、11项沃尔夫奖以及其他数十项国际重要奖项。由此可见,欧盟对前沿研究的资助计划对重大科学发现的推动作用不可小觑。2021—2027年,ERC总预算超过160亿欧元,占"地平线欧洲"计划总预算的17%。

2. ERC的资助计划及相关配套制度

ERC的资助面向在整个欧洲开展项目研究的任何国籍和年龄的创造性研究人员,主要包括四个核心资助计划(启动资助、整合资助、高级资助和协同资助)及一个额外的概念证明资助计划(见表4-1)。ERC项目的选择标准仅为科学优异性,世界上任何地方、任何年龄、任何职业生涯阶段的独立研究人员均可申请,项目可以是任何研究领域的应用研究,包括社会科学和人文科学,但是研究必须在欧盟成员国或欧盟协约国中开展。由此,ERC得以跨越洲界,吸引了美国、日本、中国等欧洲以外国家的研究人员参与,这使得ERC可以不用关注国家配额,只专注于资助为欧盟从事科研工作的科研人员。

表 4-1　ERC 资助计划概况

资助计划	资助对象	资助金额及周期
启动资助	资助准备独立工作并准备成为研究领导者的早期职业科学家,主要面向完成博士后并具有 2~7 年经验的任何国籍的研究人员	三类计划的最高资助金额依次为 150 万欧元、200 万欧元、250 万欧元,资助周期为 5 年,还可额外提供 100 万欧元,用于支付研究人员从第三国移居欧盟或相关国家的启动费用、购买主要设备以及其他主要的实验和现场工作费用
整合资助	资助想要建立或加强研究团队以继续在欧洲开展科学研究的首席研究员,主要面向获得博士学位以来拥有 7~12 年研究经验的任何国籍、任何领域的研究人员	
高级资助	资助希望获得长期资金以开展突破性的高风险项目的首席研究员,主要面向在过去 10 年中取得重要研究成果的首席研究员	
协同资助	资助无法独立完成某项研究项目,需要额外聘请研究人员的团队,主要面向任何国籍的 2~4 名研究人员组成的小组开展的任何领域内的研究项目	最高可达 1000 万欧元,为期 6 年,在提案中可申请额外的 400 万欧元,以购买主要设备或使用大型设施
概念资助	资助已经获得 ERC 资助并想要发展其商业或社会潜力的前沿研究项目,启动资助、整合资助、高级资助、协同资助中的所有主要研究者都有资格参与并申请	在 18 个月内一次性发放 15 万欧元

二、卡斯卡迪亚创新走廊:纵贯美加的科技创新共同体

卡斯卡迪亚创新走廊纵贯美国西北至加拿大西南,依托温哥华、西雅图、波特兰三大核心城市,将加拿大的大不列颠哥伦比亚省、美国的华盛顿州、俄勒冈州紧密串联。2016 年,在微软等企业的推动下,首次召开卡斯卡迪亚创新走廊会议,明确共同推动卡斯卡迪亚创新走廊建设发展,旨在打造一个全球科技创新和经济商业中心。

（一）拥有文脉相通、优势互补的先天优势

历史、文化、血脉相融相承是创新走廊蓬勃兴起的内核所在。早在 19 世纪初期，时任美国总统托马斯·杰斐逊就预想在北美西部建立一个独立国家，即卡斯卡迪亚共和国，设想由当地的不列颠哥伦比亚省、俄勒冈州及华盛顿州组成，虽然最终没有实现，但经历了几个世纪的历史沉淀，三地之间的历史、文化、血脉已经不断相融相近，从而为卡斯卡迪亚创新走廊的发展埋下了强劲的内核。卡斯卡迪亚既有自然完整性，如地形和板块、天气与洋流、动植物、分水岭等共同属性，又有历史文化的一脉相通，如风俗习惯、人情礼仪甚至行为思维等高度一致。加拿大媒体曾形象地指出，对于多数大温哥华地区的居民而言，对西雅图和波特兰的认同感高于多伦多或者蒙特利尔。这为该创新走廊的兴起创造了先天的优势条件。

科技、企业、市场优势互补是创新走廊活力迸发的动能所在。卡斯卡迪亚创新走廊充分发挥三地的特色优势，在各扬其长中形成相辅相成的协同创新网络。其中波特兰拥有丰富的科研资源，如波特兰大学、俄勒冈健康与科学大学、俄勒冈大学等，是科技创新策源重镇；西雅图拥有强大的创新企业集群，微软、亚马逊和波音均是各自领域的全球领军型企业，拥有极强的创新资源配置能力；温哥华与亚洲市场联系紧密，拥有丰富的市场资源和金融资源，依托港口成为加拿大的西部门户。沿线三地科技、企业、市场的有机耦合，汇集成为推动卡斯卡迪亚科创走廊发展壮大的强劲动能。

（二）形成了市场驱动、政府引导的运行机制

自下而上的市场呼唤加上积极有为的政府引导，充分调动起温哥华、西雅图和波特兰的各类创新资源自发而有效地投入科创走廊的建设，构建和形成了面向未来科学技术发展和城市群功能跃迁的系统性战略布局。

第一,聚焦形成高度统一的协同发展重点。为明确创新走廊合作方向,2016 年,华盛顿州与大不列颠哥伦比亚省签署了《推进创新型经济合作备忘录》,明确将交通、贸易、科技、创新、教育等作为共同发展的主要方向。2019 年,为推动科技经济融合和跨区域协同创新,大西雅图合作伙伴和温哥华经济委员会进一步签署了《卡斯卡迪亚经济机会倡议》,在绿色建筑、人工智能、增强虚拟现实及创意娱乐产业方面推进合作,促进劳动力和资本跨境流动的便利性,为区域协同创新明确了产业主攻方向,并提供了制度一体化创新方向。

第二,组建极富号召力的双边指导委员会。卡斯卡迪亚创新走廊由双边指导委员会参与统筹协调和发展推进,双边指导委员会由两名联合首席执行官和边境两侧七个计划委员会①组成。其中双边指导委员会联合主席克里斯汀·格雷戈尔(Christine Gregoire)曾担任两届华盛顿州州长,有力推动政府部门共同参与走廊的建设发展。双边指导委员会和下设七个计划委员会成员包括研究机构负责人、企业 CEO、各类创新基金合伙人、政府部门官员等,拥有高效调动、整合三地创新资源的能力,为推动卡斯卡迪亚创新走廊的发展提供了关键保障(见图 4-1)。

第三,制定目标明确可行的协同发展规划。卡斯卡迪亚创新走廊制定了"1+7"的系统性发展规划。"1"是面向 2050 年整体发展愿景,深度分析了卡斯卡迪亚创新走廊建设面临的重大挑战,并对未来推动创新走廊建设所需的基础设施配置进行了前瞻性规划,如温哥华—西雅图—波特兰超高速铁路项目。7 个专项子计划包括生命科学行动计划、变革性技术行动计划、可持续农业行动计划、运输住房

---

① 七个计划委员会均由华盛顿州、哥伦比亚省、俄勒冈州的成员组成,每个计划委员会有十名左右成员,其中两位联合主席从华盛顿州和哥伦比亚省产生。

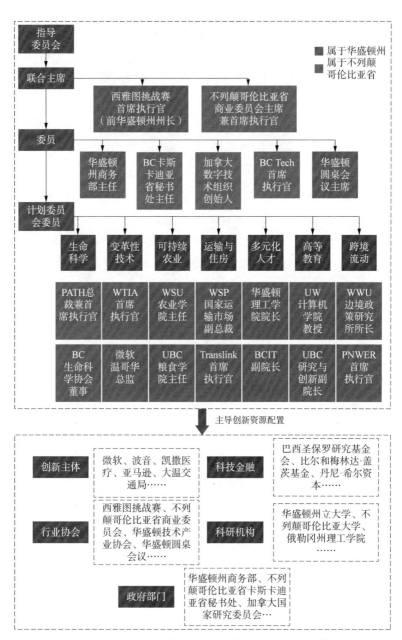

图4-1 卡斯卡迪亚创新走廊双边指导委员会组织结构图

和连通性行动计划、多元人才行动计划、卓越高等教育和研究行动计划、跨境高效流动计划，每个子计划委员会都协同了三地专业领域的各类顶尖人才，制定了目标节点明晰的推进举措和任务，以保证专项行动计划的有效推进。

（三）实施了一系列促进协同创新的关键举措

为推进各类创新主体高效联动对接全球资源，卡斯卡迪亚创新走廊实施了一系列关键性举措，加快推进了全球创新要素吸引渠道和创新共同体建设，为协同创新的真正落地提供扎实支撑。

1. 健全人才培养和地方产业高效联动的合作模式

不列颠哥伦比亚理工学院、华盛顿湖理工学院和俄勒冈州理工学院利用科学、技术、工程、数学（STEM）领域的教育优势，签署高校合作备忘录，为学生提供异地专业实践和就业机会。根据实践情况，允许学生在三所高校之间进行课程衔接和学分转移，从而鼓励人才流向产业发展与自身技能高度适配的区域，推动高校人才更精准地服务卡斯卡迪亚产业创新发展。

2. 打造创意、技术、资金一体化的支撑网络

2017年9月，不列颠哥伦比亚省、华盛顿州和俄勒冈州共同建立了卡斯卡迪亚风险加速网络，包括大学、孵化器、投资基金、行业协会等50个组织，并在此基础上配套建立了西雅图—温哥华金融创新网络。通过识别已经具备商业化能力的创新项目、为创业者提供跨境资金支持、促进科技型企业开展跨境贸易和合作、对接各类科研资源、分享各类活动和平台等手段，帮助创新项目和新创科技型企业迅速建立合作网络，大幅提高了资源整合效率。同时，明晰各类主体的利益回报渠道，进一步提高了各类创新主体参与的积极性。

3. 创立由数据科学牵引的发展合作应用平台

2017年2月，不列颠哥伦比亚大学和华盛顿大学共同成立了卡斯卡迪亚城市分析合作社，每年投入超过500万美元的研究费用，并

投资建立公共和私人部门的数据共享应用平台,目标是利用数据科学来应对与城市发展尤其是创新走廊建设所面临的相关挑战,包括交通、住房、人口与科技创新发展面临的新情况新问题,提升卡斯卡迪亚跨区域工作的连接能力。为更好实现三地工作和生活的协调,在温哥华经济委员会和亚马逊公司的鼓励支持下,Wework 众创空间率先出台"卡斯卡迪亚护照计划",该计划可以让全球持有护照的会员有限期地免费使用西雅图、温哥华和波特兰大量共享办公室和会议室,实现了科创走廊之间的研发、工作、生活的协调,使更多参与轻资产研发和工作的全球性人才可以在三地之间弹性办公。

第三节　将长三角建设成为具有全球影响力的科技创新共同体

一、由来与演变

改革开放之初出现的上海"星期日工程师"是长三角地区民间科技合作的开端,此后长三角科技创新协同发展持续推进。从 2003 年起,上海、江苏和浙江的政府部门确立了联席会议制度,合力推进长三角地区科技合作。2019 年 12 月,中共中央、国务院印发了《长江三角洲区域一体化发展规划纲要》,长三角一体化正式上升为国家战略。该规划提出,要坚持创新共建,充分发挥科技创新在引领长三角地区一体化发展中的关键引领和支撑作用,深入实施创新驱动发展战略,构建区域创新共同体,推动区域协同发展并引领经济转型升级。2020 年 12 月,科技部印发《长三角科技创新共同体建设发展规划》,进一步提出要以加强长三角区域创新一体化为主线,以"科创＋产业"为引领,充分发挥上海科创中心龙头带动作用,强化苏浙皖创新优势,优化区域创新布局和协同创新生态,深化科技体制改革和创新开放合作,着力提升区域协同创新能力,打造全国原始创新高地和高精尖产业承载区,努力建成具有全球影响力的科技创新共同体。

案例:星期日工程师
——上海引领长三角科技创新共同体建设的实践者

改革开放初期,沪郊以及长三角地区乡镇企业蓬勃兴起,但设备落后、技术缺乏严重限制了其发展壮大。上海科技人才聚集,科技成果遥遥领先,成为乡镇企业渴望的"香饽饽"。20世纪八九十年代,每周六下班的时候,上海各大长途汽车站、轮船码头和火车站就会迎来一群群知识分子模样的年轻人。他们的目的地大多是上海周边如苏州、无锡等地的乡镇企业。第二天下午,他们又从四面八方赶末班车,匆匆返沪。当年这些周末"赶潮下乡"的工程师被称为"星期日工程师"。

星期日工程师,促进了上海生产技术、管理能力向长三角地区转移扩散,推动了周边地区社会经济的发展。以人才为载体推进生产、创新要素交流,让高级技术人才在充分发挥自身能力的同时,还促进了一大批新生代企业、优秀企业家的成长。最重要的是,星期日工程师是改革开放初期上海与长三角地区其他城市以市场化为基础、自发组合为主要方式,聚焦生产发展和技术推广的人才一体化流动初步尝试。之后,长三角地区人才、技术、资金等要素流动更加频繁。可以说星期日工程师创造了长三角城市之间高频率人才流动的第一波热潮。其从现实需求指引实践行动,再到推动制度创新,为长三角一体化发展奠定了坚实的实践基础和发展共识,也是上海引领长三角科技创新共同体建设的缩影。

站在国家战略要求和区域高质量发展需要的视角来看，对长三角科技创新共同体的理解应区别于长三角创新生态系统或长三角协同创新等，科技创新共同体更强调共同体各成员对区域协同创新目标的共识，建立和共同体成员之间高度合作的共享机制，以及各主体间基于开展协同创新活动建立更紧密的联系。与自发形成的科学共同体及区域创新生态系统不一样，长三角科技创新共同体是一个由市场与政府力量共同作用，不断成长的、开放的、有目标的、有组织的整体。

从创新主体间的互动来看，建设长三角科技创新共同体是三省一市政产学研多个创新主体之间通过相互作用形成的创新要素高效有序流动、创新政策互通互动的科技创新网络，是长三角地区内多个创新主体主动集合起来，以推动长三角科技创新活动更高效地开展，面向长三角经济社会发展需求的创新链、产业链、资金链和政策链有机组合的创新载体。从政府和市场间的关系来看，长三角科技创新共同体的建设强调自下而上与自上而下创新的深度融合，充分发挥市场力量和政府力量的优势。既重视政府在创新活动中的设计、引导、组织和协调功能的发挥，同时又强调通过体制机制设计，激发和运用市场力量，推动创新要素加速流动和创新主体间的协调互动。

二、机遇与挑战

（一）共同应对全球性挑战

新一轮科技革命和产业变革加速兴起，放眼全球，当今人类面临的一系列亟待解决的问题蕴含了科技发展的突破方向，科技创新发挥着不可替代的作用。从整体上来看，前沿热点呈现群体突破态势，科学研究正在向宏观、微观和极端条件拓展。从发展模式和特征来看，科技创新广度显著加大、深度显著加深、速度显著加快、精度显著加强。世界进入大科学时代，科技创新的发展呈现多样化和复杂化特征，科学技术跨界融合、协同联合、包容聚合的特征越来越显现，大团队、大设施、大平台在科技创新发展中的作用逐步加强。为顺应全球科技创新范式变革要求，长三角应充分优化创新资源配置，在更高起点上推进科技创新合作，共同应对重大科技问题和挑战，共同探索解决重要全球性问题的途径和方法。

（二）支撑高水平科技自立自强

世界面临百年未有之大变局，国际环境错综复杂，全球科技竞争格局深刻调整。当前有效应对重大挑战、抵御重大风险、维护国家安全和战略利益必须依靠科技自立自强。我国科技强国建设必须进一步凸显科技创新的核心地位，培育具有全球影响力的创新高地，通过实现科技自立自强不断提升我国发展的独立性、自主性、安全性，增强抗压能力和抗风险能力，代表国家参与全球科技竞合。作为中国创新能力最强的区域之一，长三角需要深刻认识错综复杂的国际环境带来的新机遇新挑战，准确把握新发展阶段的新特征新要求，探索长三角跨区域协同创新机制，联合强化基础研究前瞻性布局，加紧关键核心技术联合攻关，着力推进长三角科技创新共同体建设，促进创新效应在区域内最大化释放，实现区域价值共创共享，践行科技强国建设使命，率先成为支撑高水平科技自立自强的原始创新策源高地。

（三）推动长三角高质量一体化发展

全球技术变革正在加速演进，产业边界日趋模糊，呈现单点突破和群体性跃迁相继迸发的局面，对社会形态、经济结构转变产生颠覆性的影响。在此背景下，单个城市已难以承载引领新一轮科技创新发展的重大挑战，城市群的发展正逐步成为主导世界科技创新和经济发展的主要力量，也是国家参与国际创新竞争和合作的重要载体。在复杂多变的全球战略经济环境中，跨区域协同创新是推动城市群向高质量发展演进的根本路径，是地区代表国家参与世界科技创新合作和角逐的力量源泉。长三角地区已成为我国经济社会发展最具活力、开放程度最高、创新能力最强的区域之一，并跻身国际公认的六大世界级城市群。推动长三角高质量一体化发展是我国实施区域协同发展战略的重大举措，对支撑和引领全国经济社会发展具有重要战略意义。跨区域协同创新在这一过程中发挥着至关重要的作用，将成为引领长三角高质量一体化的核心和主线。

三、进展与成效

2022 年，科技部联合上海市、江苏省、浙江省和安徽省三省一市出台《长三角科技创新共同体联合攻关合作机制》，形成了长三角科技创新共同体建设办公室、工作专班、秘书处三级联动机制，长三角科技创新共同体建设进入快车道。上海市科学学研究所发布的《2023 长三角区域协同创新指数》指出，长三角一体化协同推进成效日益显著，尤其在 2018 年后，长三角区域协同创新指数年均增速高达 11.17%。

(一) 共同探索合作模式，政策体系逐渐完善

1. 探索实施一体化的科技创新政策

2003 年，沪苏浙三地会同签署的《沪苏浙共同推进长三角创新体系建设协议书》是长三角地区开展政府主导区域科技创新合作的开端。2004 年，长三角地区启动重大科技项目攻关，共计 16 个城市签订共建大型科学仪器设施协作共用平台的协议。2008 年，上海、浙江、江苏、安徽联合发布《长三角科技合作三年行动计划（2008—2010 年）》，进一步加大了科技合作力度，拓宽了合作领域。2014 年，长三角地区科技部门签署成立了长三角科技发展战略研究联盟。2018 年，长三角合作办公室发布的《长三角一体化发展三年行动计划（2018—2020 年）》提出 2020 年长三角地区要基本形成创新引领的区域产业体系和协同创新体系。2021 年，三省一市科技厅（委）为贯彻实施《长江三角洲区域一体化发展规划纲要》《长三角科技创新共同体建设发展规划》，共同出台《三省一市共建长三角科技创新共同体行动方案（2022—2025 年）》，进一步细化了合作行动，联手打造长三角一体化科创云平台。

2. 探索创新资源跨区域自由流动

三省一市聚焦人才、科学仪器、金融、市场、科协、双创券、知识产权等创新资源，共同制定专题规划及发展计划等。2003 年，长三角地区 19 个城市人社部门发布了《长江三角洲人才开发一体化共同宣言》，探索在规划编制、联席会议制度、行动计划、人才标准和人才资格互认等方面实现共同发展。2010 年，"十市一区"科协组织成立的长三角高端智力人才战略联盟，在共建共享高端智力人才资源库、建立院士专家人才合作机制、加强高端智力人才项目合作等方面成效显著。2021 年，上海市科学技术委员会、江苏省科学技术厅、浙江省科学技术厅、安徽省科学技术厅、长三角生态绿色一体化发展示范区执委会联合启动长三角科技创新券通用通兑试点工作，鼓励长三角科技型中小企业共享长三角科技创新资源开展创新创业。

表 4-2 列举了促进长三角科技创新共同体建设的重要政策。

表 4-2 促进长三角科技创新共同体建设的重要政策

发文单位	时间	政策	主要内容
中共中央、国务院	2019 年12 月	《长江三角洲区域一体化发展规划纲要》	明确了长三角一体化发展的战略定位和发展目标，提出从推动形成区域协调发展新格局、加强协同创新产业体系建设、提升基础设施互联互通水平、强化生态环境共保联治、加快公共服务便利共享、推进更高水平协同开放、创新一体化发展体制机制、高水平建设长三角生态绿色一体化发展示范区、高标准建设上海自由贸易试验区新片区等方面全面推进区域一体化高质量发展

发文单位	时间	政策	主要内容
科技部	2020 年 12 月	《长三角科技创新共同体建设发展规划》	明确了区域协同创新的基本原则和打造全球领先科技创新共同体的发展目标,提出协同提升自主创新能力、构建开放融合的创新生态环境、聚力打造高质量发展先行区、共同推进开放创新为主的发展任务
科技部联合国家发展改革委、工业和信息化部、人民银行、银保监会、证监会	2021 年 4 月	《长三角 G60 科创走廊建设方案》	明确长三角 G60 科创走廊要建设成为中国制造迈向中国创造的先进走廊、科技和制度创新双轮驱动的先试走廊、产城融合发展的先行走廊的战略定位,提出共同打造世界级产业集群、科技创新策源地、产城融合宜居典范和一流营商环境等发展任务
上海市科学技术委员会、江苏省科学技术厅、浙江省科学技术厅、安徽省科学技术厅、长三角生态绿色一体化发展示范区执委会	2021 年 1 月	《关于开展长三角科技创新券通用通兑试点的通知》	利用长三角试点区域(上海市青浦区、江苏省苏州市吴江区、浙江省嘉善县、安徽省马鞍山市)财政科技资金,支持试点区域内科技型中小企业向长三角区域内服务机构购买技术研发、技术转移、检验检测、资源开放等专业服务
上海市科学技术委员会、江苏省科学技术厅、浙江省科学技术厅和安徽省科学技术厅	2021 年 12 月	《关于推进长三角科技创新共同体协同开放创新的实施意见》	提出以全球视野谋划共同组建区域国际创新合作联合体,共同建设国际科技合作开放站,共同构筑国际创新人才蓄水池,共同打造国际科创活动会客厅

续　表

发文单位	时间	政策	主要内容
科技部联合上海市、江苏省、浙江省和安徽省人民政府	2022 年 8 月	《长三角科技创新共同体联合攻关合作机制》	明确长三角科技创新共同体建设要促进部省（市）协同的组织协调机制、产业创新融合的组织实施机制、绩效创新导向的成果评价机制、多元主体参与的资金投入机制等合作机制建设，充分发挥三省一市实施主体作用，建立健全联合攻关管理平台，引导专业机构、平台积极参与区域联合攻关
上海市科学技术委员会、江苏省科学技术厅、浙江省科学技术厅和安徽省科学技术厅	2022 年 9 月	《三省一市共建长三角科技创新共同体行动方案（2022—2025 年)》	提出以推进长三角科技创新一体化、提升区域核心竞争力为主线，共同推进国家战略科技力量合力培育，产业链创新链深度融合协同推动，创新创业生态携手共建，全球创新网络协同构建和协同创新治理体系一体化推进等五大行动
上海市科学技术委员会、江苏省科学技术厅、浙江省科学技术厅和安徽省科学技术厅	2023 年 4 月	《长三角科技创新共同体联合攻关计划实施办法(试行)》	明确了长三角科技创新共同体联合攻关计划的实施目的、资金来源、支持方向、实施原则、职责分工和平台支撑，提出项目需求产生和推进实施的主要措施

3. 探索跨区域科技创新合作新模式

G60 科创走廊源起松江，经历了上海松江 G60 科创走廊（1.0 版）、沪嘉杭 G60 科创走廊（2.0 版）和长三角 G60 科创走廊（3.0 版）三个发展阶段，已成为长三角一体化发展国家战略的示范标杆和重要平台。

案例：长三角G60科创走廊——跨区域科技创新合作的典范

源起松江。 2016年5月24日，松江提出沿G60高速公路40千米松江段两侧布局"一廊九区"，构建党建引领、对标一流、双轮驱动、开放共享的G60科创走廊，G60科创走廊1.0版——G60上海松江科创走廊就此诞生。此后松江被增列为上海建设具有全球影响力科创中心的重要承载区，被国务院评选为全国供给侧结构性改革典型案例。

联通嘉杭。 2017年7月12日，上海松江与浙江杭州、嘉兴签订《沪嘉杭G60科创走廊建设战略合作协议》，G60上海松江科创走廊升级为2.0，即沪嘉杭G60科创走廊，三地在建立要素对接常态化合作机制、推动产业链布局、打造科创平台载体等方面取得了显著成效。

九城共建。 2018年6月1日，长三角地区主要领导座谈会期间，G60科创走廊第一次联席会议在上海召开，沪苏浙皖九城市主要领导在上海签约，G60科创走廊升级为3.0，形成覆盖松江、嘉兴、杭州、金华、苏州、湖州、宣城、芜湖、合肥九城市的"一廊一核九城"总体空间布局。

纳入规划。 2019年5月13日，中共中央政治局会议审议通过的《长江三角洲区域一体化发展规划纲要》提出，"依托交通大通道，以市场化、法治化方式加强合作，持续有序推进G60科创走廊建设，打造科技和制度创新双轮驱动、产业和城市一体化发展的先行先试走廊"，标志着G60科创走廊上升为长三角一体化发展国家战略的重要平台。

顶层设计。 2019年6月3日，中央推动长三角一体化发展领导小组全体会议在上海召开，明确由科技部牵头推进长三角

G60 科创走廊建设工作。科技部会同国家发改委、工信部、"一行两会"等中央部委、三省一市科技部门及九城市政府,成立了国家推进 G60 科创走廊建设专责小组,标志着国家层面推进 G60 科创走廊建设领导工作机制正式启动。

建设方案。2020 年 11 月 3 日,科技部、国家发展改革委、工业和信息化部、人民银行、银保监会、证监会等部门联合印发《长三角 G60 科创走廊建设方案》,提出建成科技和制度创新双轮驱动、产业和城市一体化发展的先行先试走廊,标志着 G60 科创走廊贯彻落实国家战略、推动高质量一体化发展形成统一行动指南,走廊建设进入实际操作层面。

(二) 创新投入持续增加,创新主体加快集聚

1. 研发经费投入稳步提升

2022 年,长三角研发经费达 9 386.3 亿元,同比增长 11.45％,占全国研发经费的 30.49％;研发投入强度达到 3.22％,远高于全国 2.54％的水平。具体来看,2022 年上海研发经费达 1 981.6 亿元,研发投入强度为 4.44％,江苏和浙江研发经费分别为 3 835.4 亿元和 2 416.8 亿元,研发投入强度分别为 3.12％和 3.11％,安徽研发经费为 1 152.5 亿元,研发投入强度为 2.56％。从三省一市基础研究经费投入来看(见图 4－2),2022 年长三角基础研究经费达 553.33 亿元,同比增长 22.46％,整体增幅显著,占全国基础研究经费的比重为 27.35％[1]。高校是基础研究主力军,三省一市高校基础研究经费投入占科研经费投入的比重稳步提升,为长三角地区原始创新和原创科学的突破提供了重要支撑。

---

[1] 数据来源于《中国科技统计年鉴 2023》《2022 年全国科技经费投入统计公报》。

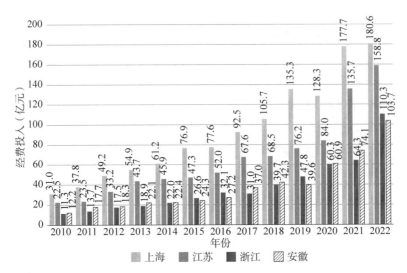

图 4-2　2010—2022 年长三角三省一市基础研究经费投入

2. 人才队伍持续壮大,顶尖科学家加快集聚

2022 年,长三角每万人拥有研发人员 76.20 人年,同比增长 7.06%,显著高于全国平均水平的 40.47 人年。高被引科学家数量位居全国城市群之首,增速稳步提升。2022 年,长三角拥有两院院士共 405 人①,占全国比重 22.23%,其中科学院院士 208 人,工程院院士 197 人。从三省一市具体情况来看,上海、江苏、浙江和安徽分别拥有两院院士 186 人、119 人、61 人和 39 人。同时,京津冀拥有两院院士共 836 人,占全国比重 45.88%,其中北京拥有 793 人,占全国比重 43.52%。广东拥有两院院士共 59 人,其中深圳 17 人。2022 年,长三角拥有高被引科学家共 361 人次②,占全国比重 26.07%(见

---

① 数据来源于中国科学院与中国工程院官网,https://www.cas.cn/,https://www.cae.cn/。

② 数据来源于科睿唯安发布的"全球高被引科学家"名单,https://clarivate.com.cn/2022/11/15/。

图4-3)。对比来看,京津冀共有354人次入选,其中北京有312人次入选,是全国入选人次最多的地区,广东共有109人次入选,其中深圳有42人次入选。超过90%的高被引科学家主要集中在上海、南京、合肥、杭州、苏州五座城市,分别来自上海、江苏、浙江和安徽的22所、27所、12所和5所高校科研院所,图4-4是排名前15的高校科研院所。

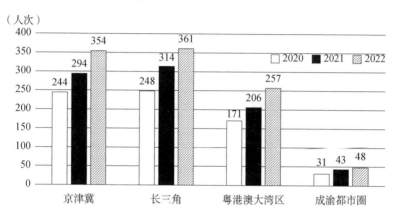

图4-3　2020—2022年主要城市群高被引科学家分布状况

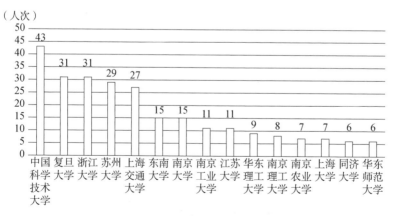

图4-4　2022年长三角高校科研院所高被引科学家15强

3. 战略科技力量和大科学设施集聚优势明显

世界一流大学数量全国领先,基础学科优势显著。目前上海、杭州、南京、合肥拥有国家"双一流"建设高校(A类)8所,占全国比重为22%;一流学科建设高校23所,占全国比重为24%。根据2023年ESI大学排行榜①,中国排名前十的高校中长三角三省一市占了五席,分别是上海交通大学(第61名)、浙江大学(第64名)、复旦大学(第105名)、中国科学技术大学(第125名)和南京大学(第140名)②。各地在数学、物理学、化学、生物学等一流基础学科,材料科学与工程、计算机科学与技术、信息与通信工程、控制科学与工程、化学工程与技术、电子电气工程、环境科学与工程、药学等一流应用学科建设上存在显著的基础优势(见表4-3)。

表4-3 长三角三省一市高校基础研究优势学科全球排名情况(全球前100)

学科	上海市	江苏省	浙江省	安徽省
数学	复旦大学(51~75)			
物理学	上海交通大学(51~75)	南京大学(51~75)		中国科学技术大学(30)
地球科学		南京大学(36)		中国科学技术大学(51~75)
大气科学	复旦大学(51~75)	南京信息工程大学(6) 南京大学(30)		

① ESI排名由引文排名、高被引论文、引文分析和评论报道四部分构成。其收录了12 000多种学术期刊上发表的SCIE和SSCI近十年发表的论文和被引数据。自2001年推出以来,已成为世界范围内普遍用以评价高校、学术机构、国家/地区国际学术水平及影响力的重要评价指标工具。

② https://www.eol.cn/shuju/paiming/202301/t20230113_2279094.shtml.

续　表

学科	上海市	江苏省	浙江省	安徽省
化学	复旦大学(28) 上海交通大学(29)	南京大学(21) 苏州大学(24) 南京工业大学(51~75)	浙江大学(23)	中国科学技术大学(7)
农学		南京农业大学(4) 扬州大学(51~75)	浙江大学(7)	
药学	上海交通大学(35)			
海洋科学	华东师范大学(43) 上海交通大学(44)	河海大学(51~75)		

4. 国家实验室及全国重点实验室等重大科研平台建设加快推进

目前,长三角三省一市国家实验室共有4家。据2022年国民经济和社会发展统计公报及三省一市统计公报,目前长三角拥有的全国重点实验室数量共有98家,占全国(共有533家)比重为18.39%,其中上海44家、江苏28家、浙江15家、安徽11家。上海交大、同济、复旦等部属高校对标世界一流研究所加快建设高能级科研平台。例如,上海交大李政道研究所以大科学研究范式实现重大科学目标,通过发挥大科学设施先进性能、组织科学研究、建制化引进人才、创设宽容开放的学术环境等举措促进基础研究快速发展。表4-4列举了长三角三省一市集成电路领域全国重点实验室。

表4-4　长三角三省一市集成电路领域全国重点实验室(原国家重点实验室)

省市	实验室名称	依托单位	主要研究方向
上海	专用集成电路与系统国家重点实验室	复旦大学	高能效系统芯片及其核心IP设计、射频与数模混合信号集成电路设计、纳米尺度集成电路设计
江苏	毫米波国家重点实验室	东南大学	微波毫米波器件、电路与系统、微波毫米波传输与辐射、电磁场与微波毫米波电路
浙江	硅材料国家重点实验室	浙江大学	半导体硅材料、半导体薄膜材料、复合半导体材料、微纳结构与材料物理

　　三省一市聚焦光电技术、氢能技术、先进激光与精密制造等方向,培育建设了一批高水平研发载体,依托大科学装置,形成了一批基础性原创成果。大科学装置等重大科技基础设施为长三角科技合作提供了重要支撑。长三角科技创新资源共享平台的统计数据显示,当前长三角已建成大科学装置23个,其中上海10个、江苏10个、安徽3个,主要为专用研究设施类和公共实验设施类大科学装置,其中由两家或以上共建的有8个。

(三)协同攻关持续推进,创新成果产出丰富

　　1. 合作发表论文数量持续增长,学科发展与技术领域融合联通

　　2021年,长三角地区41个地级以上城市全部纳入区域科研合作网络,国际科技论文合作数量达到26 481篇,较2011年增长近6倍。国际科技论文合作的学科领域主要集中在化学、工程学、材料科学、肿瘤学、生物化学与分子生物学等STEM领域,基础科学研究不断突破,科学前沿布局匹配长三角地区产业发展所需。从高被引科学家所在的学科领域来看,三省一市在跨学科、材料科学、工程学、化学、数学等学科领域均有一定基础(见表4-5),可作为未来基础研究合作的重点领域。从三省一市专利转移情况来看,产业主要集中在

新材料产业、节能环保产业、新一代信息技术产业、高端装备制造产业、生物产业等战略性新兴产业领域，学科与技术领域融合联通，为长三角地区科学技术高质量发展提供原动力。

表4-5　长三角地区三省一市的高被引科学家学科分布

学科	上海	江苏	浙江	安徽
材料科学	11	12	1	3
工程学	4	7	3	2
化学	16	11	3	15
跨学科	60	79	38	23
数学	2	4	1	1
物理学	3	4		3
临床医学	1	1		
环境科学与生态学	4	2		1
农业科学	2	6	5	
生物学与生物化学	4	1		
药理学与毒理学	1	1	1	
植物学与动物学	2	2	1	
分子生物学与遗传学	4		1	
地球科学		2		1
精神病学与心理学	1			
免疫学	1			
社会科学	1			
神经系统学与行为学	1			
微生物学	2			
计算机科学			2	
总计	120	136	56	49

2. 原创成果突破的国内影响力不断提升

长三角地区高校和科研院所基础研究产出成果丰硕。2019年，三省一市研究与开发机构共发表科技论文30 179篇①，占全国比重16.23%。2020年，三省一市高等院校共发表科技论文352 662篇，占全国比重23.61%。从原创成果突破看，上海的10拍瓦激光放大输出、首个体细胞克隆猴、首次人工创建单条染色体真核细胞等一批基础研究成果，实现了多个全球首创。2022年，浙江省围绕集成电路等重点领域支持长三角一体化攻关项目45项，累计攻克形成大尺寸单片式硅外延生长装备等436项进口替代成果，涌现出冰光纤、仿生深海软体机器人、新型化学显微镜、神威量子模拟器、存算一体人工智能芯片等一批重大成果。中国科学技术大学主导研制的"墨子号"量子科学实验卫星、量子通信"京沪干线"、"祖冲之号""九章"量子计算机，参与研制的"悟空"号暗物质粒子探测卫星等国之重器亮相世界，中国科学院合肥物质科学研究院主导建设的"人造太阳"领先全球核聚变。

从国家级重大科研奖励来看，2016—2023年上海共有257项重大成果获国家科学技术奖，获奖比例维持在15%以上，其中获得国家自然科学奖31项（其中，上海第一完成单位获得特等奖1项、一等奖6项）。2020年，浙江省共有38项科技成果获国家科学技术奖，其中主持完成19项、参与完成19项。江苏省共有39项通用项目（自然科学奖3项，技术发明奖8项，科技进步奖28项）和1名人选获奖，其中主持完成项目12项，参与完成项目27项，1名人选获得国际科技合作奖，获奖总数继续位居全国前列。安徽省共有12个项目荣获2020年度国家科学技术奖，其中主持完成5项，参与完成7项。大科学装置为持续涌现原创成果提供支撑，截至2020年，依托上海光源

---

① 数据来源于《中国科技统计年鉴2020》。

装置发表期刊论文 5 000 多篇,其中在《自然》《科学》《细胞》三大顶尖杂志发表的论文达到 96 篇。例如上海光源成功制备出超精密纳米光栅,填补了我国 300 纳米尺度以下有证光栅标准物质的空白,为实现我国在纳米长度计量自主溯源提供了标准物质支撑。

3. 跨区域联合攻关合作基础好,对接产业需求开展揭榜挂帅

近年来各省市陆续发布有关专项支持长三角联合开展技术攻关,将长三角优势企业、研究机构协同攻关作为有关科研计划优先支持立项的条件,积极推动设立长三角科技联合攻关专项。2021 年,三省一市科技厅(委)联手打造长三角科创共同体云平台①,2022 年首批聚集集成电路和人工智能两大领域,发布来自长三角 20 家科技骨干企业的创新需求;2023 年聚焦集成电路、人工智能和生物医药三大重点产业领域,发布来自长三角 28 家科技骨干企业的创新需求,获得创新方案 85 项,成功揭榜结对 26 项。

据统计,2020 年三省一市全年安排用于联合攻关的省市级财政科研资金超过 2 亿元,带动社会投入超过 10 亿元;技术市场相互间合同输出 1.4 万余项,同比增长 26.7%;长三角科技资源共享服务平台集聚的重大科学装置和科学仪器总价值超过 431 亿元;长三角科技人才库已汇聚 20 余万名科技专家信息,平台累计访问量超过 120 万人次;三省一市共牵头近 250 项国家重点研发计划,其中 80% 的项目已形成了协同攻关态势,研究经费超过 30 亿元,攻关领域覆盖集成电路、生物医药、智能制造等众多关键领域,有效支撑了重大技术突破和颠覆性技术产生。上海在 2004—2020 年共参与长三角联合技术攻关 151 个项目的立项,总投资额达到 5.86 亿元,协同攻关立项项目共产出专利 308 个、研究论文 544 篇,申请或立项国家项目 57

---

① 全琳珉,等. 长三角科技创新共同体建设办公室正式揭牌[N]. 浙江日报,2021 - 05 - 28.

项,科技成果产出效益较好。

4. 集成电路领域是区域协同攻关亟须突破的重点技术领域

长三角是我国集成电路产业基础最扎实、产业链最完整、技术最先进的区域,集成电路产业规模占全国比重近50%。汇总梳理2021年三省一市推荐的长三角联合攻关技术项目清单,发现77项联合攻关的技术需求中集成电路领域技术需求达40项,占比近52%。目前三省一市集成电路发展优势明显,已形成了各具特色、相对完善的集成电路产业链。上海在集成电路领域涌现出高端芯片、光刻机、刻蚀机、高端医疗影像设备等一批填补空白的创新成果,初步形成了以浦东(张江、康桥)为主体、临港和嘉定为两翼的发展格局,高端设计、核心装备材料、先进制造和高端封测四大关键产业领域均有龙头企业布局,产业核心竞争力和国际影响力不断提升。江苏在先进封装技术领域取得突破性进展,部分拥有自主知识产权的封装技术已达到国际先进水平,目前已形成涵盖EDA、设计、制造、封装、设备、材料等领域较为完整的集成电路产业链。浙江在半导体材料、微波毫米波射频集成电路、集成电路配套产业技术等方面具有优势,集聚了一批在芯片设计、硅材料生产、特种工艺芯片制造、行业应用等领域具备较强综合实力的重点企业,已初步形成涵盖芯片设计、晶圆制造、封装测试、产品应用、专用设备和材料等领域的较为完整的产业生态链。安徽在晶圆制造、显示驱动芯片、高端封装、EDA工具等领域发展迅速,正在形成从设计、制造、封装和测试,到装备、材料、创新研发平台和人才培养等完整活跃的产业链条,存储芯片、显示驱动芯片、功率芯片、家电芯片等特色芯片集群快速形成。

四、问题与瓶颈

自2018年长三角地区一体化上升为国家战略以来,区域的科技创新合作取得了积极进展和良好成效,构建了良好的合作机制,也积累了一些有益的合作经验，但还存在布局分散、联动不足等问题，相互开放、知识共享、联合攻关的协同网络尚需完善，实现科技创新共同体建设目标还需要不断努力。

（一）跨区域科技创新合作深度不够

1. 跨区域基础研究合作模式有待创新

长三角三省一市间基础研究已有一定合作基础，但缺乏常态化合作机制，缺乏面向国家战略需求及面向长三角经济社会发展需求的前沿科学问题协商凝练机制。重点学科间的基础研究合作不够深入，生物医药、集成电路、人工智能等重点领域缺少跨区域基础研究合作渠道。从合作形式来看，各基础研究主体间的合作不深入，缺乏有组织的基础研究。促进长三角基础研究科研合作的组织保障还有待完善，在项目资助上，政府科技财政资助的跨区域支付障碍仍然存在。

2. 联合攻关的共识范围和实效有待深化

三省一市对开展跨区域联合攻关的形式、模式还未达成统一认识，区域层面的联合攻关决策支撑体系尚未正式建立并发挥攻关决策作用，不利于发挥新型举国体制优势，引导高水平、高效率的跨区域科技创新共同体建设并共同完成联合攻关。各类创新主体对跨区域开展联合攻关的积极性和主动性仍未全面调动。目前行业内企业对开展协同攻关的出题能力和答题能力有待提升，熟稔技术细节、能够准确凝练工程技术问题的卓越技术人才储备不足，难以实现产业链需求和创新链供给精准匹配。

3. 协同创新治理体系和治理能力有待升级

在宏观管理层面尚未建立统筹区域科技创新布局和创新资源、创新要素的体制机制，科技合作普遍缺乏法规、制度的指导和约束，导致创新布局各自为政、创新竞争无序的情况依然存在。受限于区域行政壁垒和既有的利益格局，各地之间的科技合作和交流不够深入,为了合作而合作的现象仍然存在,难以持续实现合作共赢和利益共享。

(二)跨区域协同创新网络尚需优化

1. 跨区域科技创新资源自由流动存在较大障碍

行政区划的限制和产业结构相近,市场机制尚未真正引入到创新之中,是制约长三角创新共同体建设的突出问题。大型仪器、科技信息共享不够,科技项目、科技规划、科技标准不统一,区域创新资源配置难以优化。例如,以上海光源为代表的大科学设施面向区域的开放共享程度有待提升;缺乏长三角统一的技术市场和技术交易网络,市场不规范,技术经纪人的权益得不到充分保障;跨区域科技中介服务能力不足,主要业务局限于原有的行政管辖范围,服务内容单一、服务能级较低、服务质量不高。

2. 有组织的跨区域科研合作模式有待创新突破

从合作形式来看,各类主体间仍缺乏有组织的、深度融合的创新合作。以基础研究合作为例,长三角基础研究合作通常仅限于科学家之间基于学科背景、兴趣导向、个人关系以及某个或某几个课题间进行的点对点合作;合作项目的来源多为竞争性项目,缺少面向某一细分领域团队培育类的稳定性资助项目。此外,长三角组织开展联合攻关,要召集行业内众多企业及优势创新主体配合协同攻关,但目前尚缺乏具备战略思维和大局意识、能获得产业界认可的领军科学家,以及能在科学界和产业界发挥承上启下作用的高技能人才来带动、领导和组织。

3. 社会化组织及力量发挥的作用比较薄弱

建设科技创新共同体要求建立政府、市场、社会各司其职、多元共治、互动融合的创新治理模式。但实践中,协会、中介机构等社会组织的力量往往难以展现。地方社会组织,尤其是科技社团难以跨区域发展和服务,起不到调节主体、活跃市场、促进流动、提高效能的作用。对比来看,长三角各地社会组织的活跃度和影响力弱于北京地区。一方面,全国行业协会总部多数立足首都北京,全国性的科技社团以及由行业协会牵头组织的产业技术创新战略联盟也以北京居多,而长三角地区以地方行业协会和科技社团为主,受制于行政壁垒和相关规定难以跨省、市开展服务和活动,而以长三角冠名的行业协会和科技社团尚不多见。

第四节 发挥上海龙头作用,引领长三角 科技创新共同体建设

上海科创中心建设为长三角一体化高质量发展持续注入鲜活动力,上海策源、长三角孵化,已经成为串联创新链、产业链、人才链、资金链跨区域合作的空间新范式。未来应进一步发挥上海龙头作用,以制度创新为先导,培育以长三角城市群为核心的空间极化区域,形成长三角科技创新规划协同机制,引领长三角全面建成全球领先的科技创新共同体,为长三角一体化高质量发展提供重要动力。未来,聚焦长三角科技创新共同体全面打造重大原始创新策源地、关键核心技术根植地和体制机制协同创新试验区的发展目标,应进一步突出上海的龙头地位,引领三省一市形成合作机制、拓展合作渠道、优化空间布局,通过提升价值共创水平,加快建设长三角科技创新共同体。

一、完善合作机制

制度建设是长三角科技创新共同体建设的重要举措。长三角科技创新共同体的体制机制创新要聚焦一体化创新治理体系和治理能力建设,以构建高层次创新管理体制、共享型创新协同机制为重点,

建立一套整体性、集中性、长期性的合作机制，提升长三角地区创新系统整体效能。

（一）构建创新共同体政策体系

发挥长三角科技创新共同体建设办公室跨区域协调作用，加强与各地长三角一体化建设发展相关部门的合作联动和信息沟通，共同组织联合攻关的专题会商，组建专家咨询委员会，发挥重大问题的战略咨询职能。根据共同体建设目标及各地科技创新优势和产业特色，制定基于关键核心技术攻关的跨区域、跨部门、跨行业的行动规划。有效联合三省一市建立长三角科技创新的共同政策，采取自上而下和自下而上相结合的方式建立统一规范的制度体系，协调形成三省一市的共同行动、共性问题和共同利益的规则体系，进而推动各地区、各部门的创新合作。建立科技创新人员柔性流动制度，探索科技创新人员课题式、任务式、咨询式、候鸟式多种流动模式，加强跨区域人才互联互通。

（二）探索立法执法协同机制

研究制定"长三角科技创新共同体建设条例"，作为长三角地区创新共同体建设和发展的根本大法。加强联合联动，推进三省一市在科技创新、科学普及、知识产权、仪器设施及资源共享等领域的协同立法、共同执法。三省一市应加强在科技创新立法规划计划制定、法规起草、调研、论证、实施等各环节的沟通合作，加强地方性法规的清理工作，使三省一市与科技创新的相关地方性法规做到相互衔接，共同为区域科技创新营造良好的法治环境。

二、深化多元参与

从欧洲研究区和卡斯卡迪亚创新走廊建设的经验来看，形成共同推动长三角地区创新共同体建设的强大合力，需要加快形成政府、市场、社会等多层次、多领域的实质性合作。

(一)着力完善市场主导机制

创新在本质上属于市场行为,有效发挥市场机制是创新共同体建设的关键。因此在长三角地区创新共同体建设和发展过程中,必须充分发挥市场机制的主导作用,相信市场、培育市场、完善市场,直接面向市场的创新由市场来选择,给予市场主体足够的自主决策空间,激活市场活力。突破传统意义上行政划分的限制,打破市场壁垒,消除各种障碍,加快建设技术和资本市场、人才市场、知识产权交易市场等有利于创新要素自由流动的市场体系,以市场力量为主导配置科技创新发展所需资源。

(二)促进形成社会参与机制

加大对区域内科技创新领域非政府组织和科技社团的支持力度,充分发挥其在搭建对话桥梁、缓解纠纷、募集社会资金、开展科普宣传教育等方面不可替代的作用,与政府、企业等形成良性互补。鼓励和支持各类社会科技组织积极参与长三角科技合作相关政策法规的起草,开展多种形式的民间科技合作。充分发挥专业技术协作组织的作用,为区域内研发机构提供更多的试验基地、共性技术研发等服务,探索形成范围更广的、产学研一体化的科技推广机制,使得各种先进适用的技术知识迅速普及,营造良好的协同创新与科技合作的环境。

三、优化发展空间

科技创新空间是科技创新活动的空间载体,优化长三角创新共同体的空间布局要尊重科技创新的区域集聚规律,依托现有基础打造各具特色的创新城市,发挥区域各自优势,共同打造区域协同创新极;在创新空间走廊或三省一市毗邻区集聚高级创新要素和高端科技产业,形成具有全球吸引力和辐射力的创新空间。

（一）突出上海龙头地位，打造创新发展引擎

作为区域创新发展的重要策源地和动力源，在新发展形势下，上海要通过加快建设具有全球影响力的科创中心，在推动长三角科技创新共同体建设迈向实质发展的新阶段发挥龙头作用。率先从制度协同的层面推动区域一体化建设，进一步引领并加强长三角地区在创新链、产业链、人才链、资金链上的跨区域合作。支持中心城市建成具有国际影响力的创新城市或区域，利用杭州、南京、合肥的优势创新资源，明确功能定位，坚持差异化发展，实现优势互补，合力推进长三角科技创新共同体建设。以长三角生态绿色一体化示范区和G60科创走廊等为参照，在三省一市毗邻区域开展政策联动，促进跨省毗邻地区创新链、产业链深度融合。

（二）协同构建全方位国际开放合作格局

面对全球科技竞争的新挑战和复杂多变的国际环境，长三角打造科技创新共同体建设要处理好自主创新与开放创新的关系，把握上海科创中心升级建设的重要发展阶段，巩固发挥开放创新的窗口优势，主动对接区域、国际开放合作资源。三省一市可共商加大科研计划对外开放力度的模式，为国外人才牵头实施重大科研项目提供便利，营造符合国际惯例的科研事业发展环境。以开放的创新生态体系保障创新共同体持续高效运行，融入全球科技创新网络，推动长三角科技创新共同体不断向高级形态演化。

四、共建策源高地

长三角汇聚了国家重要战略科技力量和战略科技人才，提高战略科技力量间协同发展的能力和效率，是提升长三角科技创新共同体整体效能的关键，也是长三角赢得创新发展主动权的关键。人才的自由流动是建设长三角科技创新共同体的基础，三省一市应秉承"不求所有，但求所用"的人才观，尊重人才跨部门、跨地区流动的客

观规律,强化创新主体共建及创新人才共用。

(一) 合力培育国家战略科技力量

长三角三省一市应加快推进基础研究、应用基础研究、前沿技术研究融通发展的国家实验室体系建设,形成长三角地区国家实验室、全国重点实验室、地方重点实验室之间相互联动、有力协同的支撑体系。深入推进长三角研究型大学联盟高校科研管理体制改革,共建高水平研究机构和平台,加强有组织科研,促进学科交叉与融合,提升策源性知识生产的能力和水平。聚焦集成电路、人工智能、生物医药等重点产业领域,联合培育一批掌握关键核心技术的科技领军企业。协同推进三省一市重大科技基础设施网络构建、升级和联合建设等,提升大科学设施的共享服务水平,统筹配置三省一市大科学设施共享资源,建成覆盖长三角的设施物联采集网络。

(二) 提升区域价值共创水平

长三角科技创新共同体要为区域培育新质生产力,加强科技创新和产业创新深度融合,围绕产业链部署创新链,率先形成科技创新引领的区域产业协同创新体系,催生新产业新业态新模式,保障整个区域创新能力和产业竞争力的持续提升,培育发展新动能。优化多主体协同攻关的项目支持,动员处于产业发展关键领域、关键环节的重点企业,发挥行业号召力和资源整合能力,组建一批任务型、体系化的跨区域创新联合体。打造使命导向型创新产业体系,强化区域优势产业协作。

第五章

面向未来：科技创新支撑引领中国式现代化

建成富强民主文明和谐美丽的社会主义现代化强国是中国特色社会主义发展的宏伟目标。从初步实现现代化到全面建成社会主义现代化强国，这一过程彰显了新时代中国特色社会主义发展的战略安排和坚定决心。作为社会主义现代化强国建设的排头兵和先行者，如何更好地支撑和引领社会主义现代化强国建设，是上海必须深入思考和积极探索的重大课题。通过汇聚全球创新资源，激发科技创新的活力，上海加快建设具有全球影响力的科创中心将为科技强国的宏伟目标实现贡献智慧和力量。

第一节　现代化、中国式现代化与科技创新

一、关于现代化的几点认识

（一）现代化的轮廓

现代化，是指人类社会由传统农业社会转型为现代工业社会的全球性演变过程，这一过程自工业革命以来给人类社会带来了一场急剧且根本性的变革。在过去的两个世纪中，尽管各国在现代化发展道路上的步伐并不一致，起点和进度均有所差异，但总体上展现出

了若干共同特征。

首先,现代化进程的根本驱动力在于经济实力,现代工业生产体系则是经济实力的基石。其次,现代化进程不是直线式发展,而是呈现出波浪式跳跃推进的特点,这意味着其发展过程中存在多样性,可能会遭遇停滞、中断与倒退的情况,甚至出现逆现代化的现象。这种多样性不仅体现在经济、政治和社会层面,还涉及文化、历史和地理环境等多个方面。再次,各个国家和地区在不同发展起点被卷进现代化发展浪潮,各自在现代化发展过程中面临着独特的挑战和机遇。最后,当现代化进入启动阶段后,将引发社会各领域和各层级的适应性变革。现代化的高速发展带动了生活方式的都市化、工业化和福利化。同时,现代化还会引起世界整体结构的转变。伴随现代化的全球扩展,各国的社会结构也将发生深刻变革,随着参与现代化竞争的国家数量不断增加,未来的不稳定因素与危机也变得更加难以预测。

(二) 现代化的本质

现代化是一个复杂的多维度进程,学者们从经济、政治、社会、历史等角度进行了深入的理论探讨。这些探讨既包括纵向的历史演进过程,也涵盖了横向的扩展及其影响。通过梳理现代化理论可以发现,现代化是科技革命与产业变革持续推陈出新,并引领经济社会进入可持续发展,且社会财富不断积累的良性循环过程。现代化被视为一个时代过程,国家在这个过程中以科学技术与市场经济制度双重驱动,改造国民物质与精神生活条件。这一过程的核心特征是科学技术广泛应用,市场经济制度建立与完善,上层建筑不断衍生和加速迭代。

具体来看,科技在现代化进程中发挥着巨大的驱动作用,科技革命和产业变革对经济社会产生了巨大且深远的影响。高效的资源配置是孕育生产力的前置条件,科学技术的广泛应用则成为现代化的催化剂,即科学技术不仅大幅提升了生产效率,而且推动了现代化的整体进程。市场经济制度的出现与运行是现代化的制度基础,它标志着生产力的显著提升。随着生产力的显著提升和经济现代化持续推进,社会物质文明的丰富度与社会规则更新滞后间的矛盾逐渐突显,为解决这一矛盾,需要对国家运行体系和法制规范进行变革,以保障其与经济基础相耦合,从而实现社会的可持续发展。这一变革过程体现了上层建筑的不断衍生与加速迭代,是现代化进程的必然产物。

二、中国式现代化

（一）历史演进与转变

中国式现代化是在中国共产党领导下,国家以科学技术与市场经济制度双重驱动的国民物质与精神生活条件改造的时代过程。中国共产党百年奋斗史,就是不断推进社会主义现代化建设的历史。中国式现代化包括新民主主义革命时期的中国现代化道路的启动阶段、社会主义革命和建设时期的战略奠基阶段、改革开放和社会主义建设新时期的重大转折阶段,以及党的十八大以来全面建设社会主义现代化国家的新征程四大阶段。

（二）新时期的中国式现代化

中国特色社会主义迈入新的历史阶段,社会主要矛盾已经转变为人民日益增长的美好生活需要和不平衡不充分的发展之间的矛盾。2015年党的十八届五中全会提出"创新、协调、绿色、开放、共享"的新发展理念,并将其作为新时代推进社会主义现代化建设的核心理念,其中"创新"居于五大理念之首。

以习近平同志为核心的党中央在提出国家治理体系和治理能力现代化的战略目标后,进一步将社会主义现代化建设与经济、政治、文化、社会、生态等国家治理体系的方方面面紧密结合起来,提出统筹推进经济建设、政治建设、文化建设、社会建设、生态文明建设"五位一体"总体布局,并协调推进全面建设社会主义现代化国家、全面深化改革、全面依法治国、全面从严治党"四个全面"战略布局。

党的二十大报告进一步明晰了中国式现代化的本质要求,即必须坚持中国共产党领导,坚持中国特色社会主义,实现高质量发展,发展全过程人民民主,丰富人民精神世界,实现全体人民共同富裕,促进人与自然和谐共生,推动构建人类命运共同体,以及创造人类文明新形态。

三、科技创新与现代化进程的关系

(一) 三次现代化浪潮

回顾历史,可以清晰地看到现代社会经历了三次明显的发展浪潮,每一次浪潮均与工业革命紧密相连。三次现代化浪潮均以科技创新为先导,为社会生产力的跃升注入了强大的动力。科技革命和产业变革如同多级火箭,引领现代化向纵深发展,广泛而深入影响社会各个层面。首次现代化浪潮源于第一次工业革命,自 18 世纪后期至 19 世纪中叶,此次现代化进程发端于英国,之后向西欧扩散,其技术基础是蒸汽机的发明、使用及推广,物质基础是煤与铁。紧接着的是自 19 世纪下半叶至 20 世纪初发生的,受第二次工业革命推动的第二次现代化浪潮。在这次浪潮中,欧洲核心区的工业化和现代化取得了显著成就,并逐渐向周围区域扩散,其技术基础是电气技术的发明、使用及推广,物质基础是钢。值得一提的是,由内燃机和电动机推动的电气技术革命所带来的经济增长,其显著程度远超由蒸汽机驱动的第一次工业革命。第三次现代化浪潮则发生在 20 世纪下半叶,与第三次工业革命孕育发展的时间重叠,这是新兴工业化国家对非工业化国家的一次全球性冲击,其技术基础是信息技术、化工技术及核能技术,物质基础是石油及新材料。

（二）科技创新与全球的现代化

在全球现代化进程中，科学革命与产业变革相互推动，"科学革命—技术革命—产业革命—社会变革"多轮迭代。科技创新在生产过程中的深度应用，极大地提升了生产效率，促使社会分工日益精细化，促使产业结构深刻变革，实现了生产力跨越式发展。同时，科技创新还引发了创新范式的变化和组织形式的演化，进而催生了新型生产关系的形成。科技创新的发展不仅增强了产业化动能，还与新型生产关系叠加耦合，共同构成了现代化进程的动力引擎。

从典型国家经验以及中国改革开放以来的发展历程来看，高效能的科技创新体系和高质量的科技供给是推进现代化经济体系建设、实现高质量发展的持续动力。我国经济正处于由高速增长向高质量发展的关键转型期，解决发展中不平衡不充分问题、转变发展方式、优化经济结构、切换增长动力、全面提升经济发展的质量和效益，都离不开科技创新的强有力支撑。科技创新将为我国在人口规模和经济规模双重重负，实现全体人民共同富裕、物质文明与精神文明协调发展以及人与自然和谐共生的现代化目标提供坚实的基础和广阔的空间。

（三）科技创新与中国式现代化

历史经验表明，科技创新始终推动着中国式现代化进程的车轮滚滚向前。自 1840 年的鸦片战争以来，中国农业社会的稳定性被打破，中国被迫加入世界现代化的潮流。尽管中国不断学习借鉴西方，尝试向工业化转型，但现代化进程是在被动中曲折前进的。中华人民共和国成立后，吹响了"向科学进军"的号角，改革开放后提出"四个现代化，关键是科学技术的现代化"的重要论断，21 世纪以来深入实施科教兴国战略、人才强国战略、创新驱动发展战略。从党的十八大将科技创新定位为"必须摆在国家发展全局的核心位置"到十九届五中全会将创新确立为"现代化建设全局中的核心地位"，从"十三五"规划强调综合体制创新和改革到"十四五"规划着重强调科技自立自强,科技创新事业贯穿中国式现代化发展历程,为中国式现代化的前进提供了坚实的支撑和引领。

从中国式现代化发展的现实视角来看,科技自立自强是探索实践中国式现代化的重要前提。当前,世界正处于百年未有之大变局,全球动荡与变革加速演进,我国发展面临着战略机遇和风险挑战并存的复杂局面。科技创新作为影响世界新一轮大发展大变革大调整的决定性因素,是保障国家安全与发展的关键变量。在日益严峻的国际竞争环境中,只有掌握关键核心技术,才能从根本上保障国防安全、经济安全及其他领域的安全,才能抓住技术与经济范式转变窗口期,在国际竞争格局中占据有利地位。科技自立自强既是防范外部风险、保障国家安全的需要,也是自主打造完整现代化工业体系、培育发展新动能、改善人民生活的需求,是走独立自主现代化道路的基本保障。

四、科技创新的新涛细浪

当前,新一轮科技革命与产业变革正在加速演进,在基础科学、技术革新、产业升级以及范式转变等多个维度呈现出前所未有的变化,新一轮现代化浪潮正在酝酿。

(一) 前沿科学多领域齐头并进,多学科交叉融合趋势增强

基础科学从微观到宏观的各个尺度加速向纵深演进,极大地拓展了人类对物质、生命和能量的基本认知。在超微观领域,研究正在逐步由表面深入内部,微观物质结构研究开始从观测时代迈向调控时代,这一转变将为能源、材料、信息等技术发展提供新的理论基础和技术手段。在超宏观领域,研究视野由近及远持续拓展,深海、深地、深空探测热潮兴起,暗物质、暗能量、黑洞形成、引力波等前沿议题在宇宙起源与演化研究中持续取得突破,这些成果有望使人类对

宇宙的认识实现新飞跃。

此外,跨领域、跨学科的交叉融合正在孕育前沿科学新热点。基础学科、应用学科乃至自然科学和社会科学之间的紧密联系,使得诸多领域在交叉融合过程中呈现出多源爆发、交汇叠加的浪涌现象。物质、生命、信息三大学科板块深度融合,以人工智能为代表的新兴科技正推动从哲学、伦理学、心理学、认知科学、脑科学、神经科学、生命科学等关乎人类自身的科学,到计算机科学、材料科学、机械、控制等工程技术学科跨界交叉融合,这种跨学科的交融在学科的交叉点上孕育了大量新的科学生长点,正在推进科学的整体融合与革命性变革。

(二)颠覆性技术持续爆发,不断提供经济社会发展新动能

技术变革的常态表现为高频率迭代、多领域突破和全场景覆盖。新一代信息技术群体性突破、新能源技术不断发展、合成生物学开启非天然生物合成策略、基因编辑和再生医学从分子细胞层面彻底改变疾病治疗方式,这些以场景驱动为特征的颠覆性技术创新持续爆发,对科学研究形成逆向牵引的同时,孕育了新的生产平台、新的业务模式,重塑了新的产业体系。这些颠覆性技术不断集聚创新资源与要素,快速关联生产、交换、消费、分配在内的所有环节,快速塑造新业务形态、新商业模式和社会治理新方式,既催生了新兴产业集群,也推动了原有产业和技术体系的演替升级,成为推动经济社会发展的新引擎。

(三)产业升级转型不断加速,促进经济社会高质量发展

我国正积极推动产业数字化、智能化与绿色化升级转型,智能制造将重新定义制造业体系。在数字化与智能化的浪潮下,制造业正悄然发生着转变,制造方式逐渐由直线流程式向环节结构式转变,各环节活动紧密相连。组织方式呈现出一体化特征,信息实时反馈与工艺、研发之间呈现双向互动,使得研发部门能根据消费者需求精准定义产品特性。数字孪生的兴起,通过构建物理空间和数字空间的

闭环数字交换通道,实现数字空间和工业设备之间的映射,数字孪生将向轻型制造业进一步渗透。随着数字孪生的普及,物理空间和数字空间将在更广范围、更深层次实现融合。在工业 5.0 场景中,即时响应分布式供应链将机器维护与质量控制融入工厂运营,需要富有经验的专家重返工厂,为产线的深度智能操作提供有力支持。此外,风力发电、光伏发电、智能电网等可再生且持续利用能源的生产将成为工业生产活动的未来趋势。

(四) 创新范式不断演进升级,创新生态日益重要

在数字化浪潮的推动下,数字化技术催生了一系列新型产业生态的形成,其中数据驱动、人工智能驱动和区块链驱动的创新成为显著特点。这一变革促使创新范式从以企业为核心的创新向国家、区域、企业等多层次多视角拓展。在社会系统中,各要素之间的相互依赖日益增强,不同行为主体间的交互作用也在不断深化。这些变化使得创新系统展现出动态演化的结构性特征,进而将生态思想引入创新领域。在创新生态的框架下,嵌入式创新、共享创新、融通创新、共生创新等创新范式不断涌现。这些创新范式的次第出现表明创新范式正在迎来新一轮的转换与升级。与传统的线式、链式联系不同,创新有机体以创新组织、创新物种、创新种群、创新网络的动态结构形成多层次的创新联系。这标志着创新系统正由静态、工程式、机械式的模式向动态、生态化、有机式的创新生态系统范式转变。

第二节　社会主义现代化发展中的上海实践

一、上海科技创新支撑城市现代化发展的光辉岁月

城市的现代化进程是推动地区乃至整个国家现代化发展的关

键。作为科创中心城市，上海不仅为科技创新的发展提供了重要的场域和优良的环境，也成了概念验证、成果转化的试验田和首秀场，在科技创新引领国家现代化发展的道路上发挥着"星星之火，可以燎原"的重要作用。

（一）社会主义建设初期

中华人民共和国成立后，上海正式启动社会主义现代化建设。1956—1965年，上海开启社会主义建设时期，通过工业改造、高科技培育、工业新城设计引领全国发展潮流。1958—1965年，响应中央"向科学进军"的号召，上海积极制定科技发展规划，聚焦一批重点攻关项目和尖端学科，相继在原子核、计算机技术、技术物理、电子学、力学等领域建立一批新技术研究所，围绕重点新兴工业和新技术，集中优势力量组织合作攻关。上海以近百年积淀形成的工业基础，初步建成工业生产门类齐全、综合配套能力较强、科学技术先进的工业基地和科学基地，拥有冶金、化工、机电、仪表、汽车、石化、飞机、电站设备等产业发展基础，推动微电子、计算机、光纤通信、生物工程、激光技术等高科技产业起步发展，为上海社会主义现代化建设奠定扎实基础。1968年9月，上海机床厂贯彻毛泽东主席"七二一指示"，率先创办了第一所培育工程技术人才的"七二一大学"。1974年底，培育工程技术人才的大学发展到360所。1975年6月，一机部和教育部联合在上海召开"全国'七二一大学'教育革命经验交流会"，向全国推广上海经验。到1976年全国共办33 374所培育工程技术人才的大学，在校生148.5万人，学校及学生数量达到了最高值。1979年之后，部分符合要求的"七二一大学"均转为职工大学或职工业余大学，继续为企业和社会培养实用型工程科技人才。

案例:世界上首次人工合成牛胰岛素

1955年,英国科学家弗雷德里克·桑格率先测定了牛胰岛素的全部氨基酸序列,开辟了人类认识蛋白质分子化学结构的道路。当时《自然》杂志曾预测:"人工合成胰岛素还有待于遥远的将来。"1958年8月,中国科学院上海生物化学研究所的科研人员提出研究"人工合成牛胰岛素"。1959年,国家重大科学技术项目立项,由中国科学院上海生物化学研究所牵头,与中国科学院有机化学研究所、北京大学生物系联合组成研究小组,在前人对胰岛素结构和合成路线的研究基础上,开始探索用化学方法合成胰岛素。

为了摸索全合成胰岛素的技术路线,生化所兵分五路,根据专家特长分别开展有机合成、天然胰岛素拆合、肽库及分离分析、酶激活和转肽研究。经过实践,后三条路线被否定,专家集中力量攻关第一、二两条路线和分离分析工作,仅用了一年时间,就取得了天然胰岛素拆合成功,即将胰岛素B链的所有30个氨基酸分别连接成了各种合成肽,最长达到10个氨基酸的长度。研究小组经过多年坚持不懈的努力,终于在1965年9月17日,在世界上首次用人工方法合成了结晶牛胰岛素。

1965年11月,这一重要科学研究成果首先以简报形式发表在《科学通报》杂志上,1966年3月30日,全文发表。许多国家的电视台和报纸先后做了报道,各国科学家纷纷来信表示祝贺。诺贝尔奖获得者、英国剑桥大学教授约翰·考德里·肯德鲁(John Cowdery Kendrew)爵士来华访问时高度评价了这一伟大的工作。人工牛胰岛素的合成,标志着人类在认识生命、探索生命奥秘的征途中迈出了关键性的一步,促进了生命科学的发展,开辟了人工合成蛋白质的时代,在我国基础研究,尤其是生物化学的发展史上有巨大的意义与影响。以中国科学院上海生物化学研究所为代表的一批高水平研究机构向世界证明了我国生物技术领域科学研究的实力,也为上海今天生物医药产业的蓬勃发展奠定了坚实基础。

(二) 改革开放初期

1978 年 3 月,全国科学大会后,上海成为全国重要的科技基地和改革开放的先锋,经历了由科研秩序恢复到全面贯彻国家科技发展战略的历程。1978—1984 年,上海全面恢复科技工作,以改造传统产业、促进现代化建设为目标,加速新兴技术的研发和应用。上海市科技党委、科委恢复工作,市科协重建。在科研管理方面,上海率先探索改革,推行扩大自主权、有偿合同制和预算包干等改革措施。在科研院所建设方面,中国科学院上海分院恢复,上海科学院成立,复旦大学遗传工程国家重点实验室等成立。

自 1985 年起,上海大力发展高新技术及产业,根据新技术革命和产业技术进步需求,实行"科技服务于经济建设,经济发展依靠科学技术"方针。20 世纪 80 年代中后期,上海推动外向型经济新格局建设,由封闭转向开放,广泛应用国内外先进技术,并加强企业管理、提高职工素质,探索多种融资渠道。管理上开始转向编制规划、组织协调和以经济法律手段进行间接管理。90 年代初,上海确立以高新技术产业发展为核心的科技发展战略,推动产业结构战略性调整。在科技体制改革方面,综合推动多种改革发展模式,促进高新技术产业发展。

(三) 科教兴国战略开启全面科技发展时期

1995—2005 年,上海全面实施科教兴市战略,致力于构建一流科技,并提出大科技理念以增强城市综合竞争力。一流科技目标,即上海要真正建成一流城市,成为新的国际经济中心,科技首先要达到一流水平,科技作为第一生产力必须走在经济发展的前列。该战略以"加强技术创新,发展高科技,实现产业化"为指导,引领上海从粗放型向集约型发展方式转变。在具体战略方面,实施以市场为导向的科技经济一体化战略,突出高起点、强辐射、大跨度的技术创新战略,抓重点、抓突破、抓制高点的赶超战略,以及深化改革和加快发展的协同推进战略,目标是确保科技投入保持全国第一,科技成果创一流水平,高新技术产业化的速度和效益力争全国第一。以部市合作机制、资源共享协作机制、产学研联合机制为抓手,重点推动创新活动、创新主体、创新人才和创新环境建设。

2006 年之后,上海发布并积极落实《上海中长期科学和技术发展规划纲要(2006—2020 年)》,通过开展前瞻性布局,加快成果转化和高新技术产业化,突出创新体系和创新环境建设,通过构建良好的科技创新体系,形成以创新为动力,以企业为主体,以应用为导向,政府引导、市场推进、部市合作、市区联动、部门协同、产学研结合、国内外互动的自主创新格局,重点推进新兴产业培育工程、基础能力提升工程、集成应用示范工程和技术创新工程"四大工程",实施技术创新主体地位强化行动、高新区自主创新示范行动、科技创新环境优化行动和应用技术创新体系建设深化行动"四大行动",确保规划各项任务顺利实施。

通过梳理上海科技创新支撑城市现代化发展的脉络,可以清晰地观察到,上海始终紧密围绕党的领导和国家期望,并将其作为推动科技创新工作的核心。上海科技创新所展现出的显著优势主要体现在以下四个方面:其一,坚持党的领导,勇当排头兵和先行者,走在国家和时代发展的最前沿;其二,秉持创新理念,紧密追踪科技前沿动态,坚决贯彻国家意志,聚焦产业发展需求,持续提升科技硬实力;其三,坚守改革信念,健全法治体系,加大政策供给力度,积极探索机制优化路径,努力彰显制度优越性;其四,保持开放姿态,以全球视野谋划对外开放战略,以共创共享理念谋划区域协同发展,以融合创新思路引领自身发展进步,高水平推进多层次协同合作。从中华人民共和国成立到党的二十大开启新征程,上海的科技创新影响力和显示度日益增强,其服务经济社会发展的能力稳步提升,为建设具有世界影响力的社会主义现代化国际大都市提供了坚实的支撑。

二、上海建设具有全球影响力的科创中心的新征程

(一) 社会主义现代化国际大都市建设的题中之义

建设社会主义现代化国际大都市的本质要求是上海要率先实现社会主义现代化强国的美好蓝图。党的二十大报告明确了我国从2035年到21世纪中叶建成富强民主文明和谐美丽的社会主义现代化强国的宏伟目标。上海在社会主义现代化国际大都市发展规划中,也设定了从2035年到21世纪中叶,经过接续奋斗15年,当我国全面建成社会主义现代化强国时,上海各项发展指标全面达到国际领先水平,全面建成具有世界影响力的社会主义现代化国际大都市。从这一时间表与路线图来看,上海社会主义现代化国际大都市与社会主义现代化目标高度契合,但建设节奏更先一步,体现全国对上海率先实现中国式现代化,进而向世界展示中国式现代化光明前景的期待。

目前,上海正致力于推进"四大功能"和"五个中心"建设,作为其建设社会主义现代化国际大都市的重要目标。国际经济、金融、贸易、航运中心已基本建成,科创中心的基本框架也已经形成,上海在人口规模、地理位置、科技创新、经济体系、产业体系、城市影响力等方面,已经具备建设社会主义现代化国际大都市的坚实基础优势。一方面,上海作为中国的核心城市,依托国家超大规模市场的优势,

凭借完整的创新链、产业链和供应链体系，塑造出极强的科技创新策源能力和产业发展主导能力；另一方面，上海在连接国内超大规模市场与国际市场的过程中，发挥着重要的桥梁作用，拥有得天独厚的全球资源要素配置优势，承担着构建新发展格局的先锋角色。

　　未来，上海将进一步发挥科技创新中心的创新策源引领作用，率先探索社会主义现代化国际大都市的建设路径，为国家社会主义现代化强国建设增添新的动力。建设具有世界影响力的社会主义现代化国际大都市，需要科技创新为其注入强大的发展动力，使世界影响力的能级得到显著提升，社会主义现代化的特征更加鲜明，国际大都市的风范更具魅力。无论是从提升我国综合国力的角度，还是从推动上海更好地实现中国式现代化的角度，国际科创中心城市建设都是上海未来发展需要牢牢把握的关键。

（二）科技创新与制度创新的进展成效

　　在不同历史阶段，上海明确战略目标，以改革为动力，推动科技创新在城市现代化中发挥关键作用，科技资源得到显著增强，创新策源能力持续提升，创新生态不断完善。在创新驱动发展战略的引领下，经济转型升级取得了显著成果，为上海的发展提供了坚实支撑和引领。

　　1. 上海的创新策源能力得到不断提升，引领全国科技创新

　　重大原创科研成果屡创纪录。上海牢牢把握科技革命和产业变革方向，尊重遵循科学与技术发展规律，在科学新发现与新认知中不断孕育重大原创性突破。在脑科学、量子科技、纳米材料、基因与蛋白等领域涌现具有国际影响力的原创性成果，实现了 10 拍瓦激光放大输出、全球首例体细胞克隆猴及其模型、世界首例人工单染色体真核细胞等多个世界"首次""首例"。近五年，上海科研人员在国际顶尖学术期刊《自然》《科学》《细胞》发表论文量逐年增长，占全国总量近 1/3。2017—2021 年，共有 205 项成果获国家科学技术奖，连续五

年获奖数全国占比超过 15%。2021 年同时获得"三大奖项"(国家自然科学奖、国家技术发明奖、国家科技进步奖)一等奖,实现了历史性的大满贯。

重大创新项目不断推进。上海立足国家战略任务布局与本地科技发展需求双重定位,长期承接并自主推进重大创新项目立项实施。在国家层面,截至 2023 年底①,上海已累计牵头承担国家科技重大专项相关课题 929 项,累计牵头科技创新 2030—重大项目 74 项。2023年全年牵头承担国家重点研发项目 239 项。健全基础研究多元投入机制,积极加入国家自然科学基金区域创新发展联合基金,深入实施"探索者计划",鼓励全社会特别是企业加大创新投入,强化基础研究发展。深化基础研究先行区建设,实施长期稳定资助和长周期评价,支持优秀青年科学家开展高风险、高价值研究。

国际科技合作水平不断提升。上海持续开展差异化、有特色的国际科技创新合作,加快酝酿国际大科学计划和大科学工程,不断拓展高水平创新合作网络,集聚和配置全球创新要素和资源的能力不断增强。目前,上海已与五大洲 20 多个国家和地区签订政府间科技合作协议,牵头或参与的国际人类表型组计划、平方千米阵列射电望远镜等大科学计划和大科学工程稳步推进。同时,深入实施"全脑介观神经联接图谱"大科学计划,成为国际大洋发现计划第四平台,大科学计划第四岩芯实验室落户上海临港,为上海国际科技合作再添新篇章。

2. 上海不断积聚高质量发展新动能,引领全国产业发展

重点领域产业持续创新发展。上海聚焦集成电路、生物医药、人工智能三大主导领域,集结优势科技力量,致力于打造具有国际影响

---

① 2023 上海科技进步报告[EB/OL].[2024 - 04 - 12]. https://stcsm. sh. gov. cn/newspecial/2023jb/list. html.

力和竞争力的产业创新高地。在集成电路领域,上海的产业规模全国占比超 1/5,针对 EUV 光刻机、光子芯片、智能处理器、数字全流程与模拟 EDA 软件等关键技术,上海组织了重大技术攻关与应用验证,显著推动了国产装备的自主可控进程。此外,国产刻蚀机进入全球领先的 5 纳米工艺线、14 纳米工艺制程芯片实现量产、300 毫米大硅片等重大成果引领支撑产业快速发展,自主创新能力持续增强。在生物医药领域,全球排名前 20 的药企中,有 14 家选择在上海设立研发总部或创新中心。在 2023 年已批准上市的 34 种国产创新药中有 4 种出自上海,全国占比约 1/8。此外,高端医学影像产品实现全链自主可控,上海国际医学科创中心建设稳步推进,国家临床医学研究中心建设初具规模,这些将进一步推动上海生物医药产业走向高端化。在人工智能方面,上海深入贯彻国家发展新一代人工智能的战略部署,持续在基础理论、新型算法、脑机融合和开源框架等方向进行研究和布局。同时,发布《上海市推动人工智能大模型创新发展若干措施(2023—2025 年)》,着力打造人工智能"模都",加快布局一批人工智能创新平台载体,促进人工智能与经济社会发展深度融合。

　　战略性新兴产业重大技术实现新突破。在电子信息、前沿新材料及智能制造等领域,上海突破了一批关键技术,开展了一批技术验证与应用示范,例如商用航空发动机和民机制造关键材料等重要技术取得突破。此外,上海率先启动建立千米级高温超导电缆应用示范工程,打破了国际垄断。在深海深空领域,自主研发的"思源号"全海深无人潜水器、"哪吒"海空两栖无人航行器、"精海"系列海洋无人艇等装备,有效提升了我国海洋立体监测能力。同时,全球多媒体试验卫星工程完成第二次发射。在能源领域,钍基熔盐堆综合仿真实验平台已完成核心装置缩比仿真堆安装。上海在燃料电池汽车电堆关键零部件、动力系统及整车项目等方面取得了一批自主研发成果,推动了无人驾驶及智能网联汽车加快发展。在 Web3.0 领域,上海研发完成了互联网操作系统 Conflux OS。此外，数字孪生、智能制造及机器人等关键技术也取得了重要突破。

C919 大型客机成功飞上蓝天，造岛神器"天鲲号"助力海洋强国建设，千米级高温超导电缆和 100 千瓦微型燃气轮机等重大成果为产业的快速发展提供了有力支撑。这些创新成果有力推动了"蓝天梦""智能造""未来车"等新兴产业快速发展，共同构成了上海不断壮大的战略科技力量体系。

3. 上海不断壮大战略科技力量体系，探索新型管理运行机制

重大科技基础设施落沪。上海世界级大科学设施集聚，在设施数量、投资金额与建设进度上均位居国内前列，体现了上海在科技创新领域的领先地位。目前，上海已经建成我国首台软 X 射线试验装置、世界首台 10 拍瓦超强超短激光实验装置以及转化医学设施，并于 2019 年进入试运行。光源二期线站全面建成，硬 X 射线自由电子激光装置等重大项目建设接近尾声，与上海光源、活细胞成像、神光等设施初步形成了全球规模最大、种类最全、综合能力最强的光子大科学设施群。在海洋、能源等重要领域，上海同样展现出了强大的科研实力，正在加快建设海底科学观测网、高效低碳燃气轮机试验装置等重大科学装置，以推动相关领域的科技创新和产业升级。

高水平研究机构集聚发展。上海已经探索出了一条具有自身特色的新型研发机构体制机制创新之路。上海在物理、天文、量子等基础领域，以及集成电路、生物医药、人工智能、航天航空、船舶与海洋工程等重点领域，先后启动建设了李政道研究所、上海量子科学研究中心、上海脑科学与类脑研究中心、上海清华国际创新中心、上海应用数学中心、上海期智研究院等一批代表世界科技前沿领域发展方向的新型研发机构。同时，上海还组建了集成电路材料研究院、上海处理器技术创新中心等高水平研究机构，并积极筹建流程智造等领域国家技术创新中心。此外，上海还建设了视觉计算、营销智能、云

端机器人等一批国家新一代人工智能开放创新平台,为推动人工智能技术的发展和应用提供有力支持。

引领长三角科技创新共同体建设向纵深迈进。为深化区域科技创新合作,2021年5月,长三角科技创新共同体建设办公室在上海正式揭牌成立,上海会同苏浙皖三省科技行政部门建立了长三角科技创新共同体建设工作专班协同机制,旨在推进跨区域联合攻关合作,并牵头制定了《长三角科技创新共同体联合攻关实施方案及实施细则》。

2021年,长三角国家技术创新中心在上海正式成立,旨在促进跨区域、跨领域、跨学科协同创新和开放合作,力争在重点产业关键技术上取得突破,并产出一批具有重大影响力的技术成果。为进一步深化长三角科技创新合作,在科技部指导下,2022年上海与苏浙皖三省共同编制了《长三角科技创新共同体联合攻关合作机制》,以推进跨区域联合攻关实践的不断深入。同时,为不断深化G60科创走廊建设,促进创新成果与产业需求的紧密对接,并积极开展概念验证和应用转化工作,科技部会同国家发展改革委、工业和信息化部、人民银行、银保监会、证监会联合印发了《长三角G60科创走廊建设方案》。这些举措旨在推动长三角科技创新共同体的建设和发展,为区域经济社会发展注入新的动力。

4.上海有序推进现代化人民城市建设,打造科技驱动城市发展的示范

科技服务城市民生建设。上海充分认识到科技在民生建设中的赋能作用,并致力于通过科技引领智慧交通升级、城区环境更新、历史建筑修复以及城市健康安全发展。建设智慧交通方面,上海构建了交通城运系统,形成了城市运营智慧管控平台,实现了综合交通系统运行状态仿真再现、演变趋势的判断和管控措施的评估。G15嘉浏段高速智慧化工程是上海市首批两条智慧高速示范工程之一,也

是上海高速对公路设施智慧运维模式的全新探索，采用了"物联网＋"、云平台计算、交通大数据等前沿技术，实现了对高速公路管理决策力、应急救援处置力和智慧化服务力的全面升级。

在城市更新方面，搭建了面向历史建筑全生命周期的保护修缮与预防性保护数字孪生平台，推动了老旧小区适老化改造技术示范应用，从而提升了城市幸福指数。在公共安全领域，上海建设了智慧公安系统，实现了 3D 全景监控系统部署应用，并研发了面向上海公安领域的大数据管理及治理工具，开展了基于上海公共安全大数据平台接口测试及应用示范工程。在人民生命健康保障方面，上海布局了糖类药物、阿尔茨海默病发病机制等市级科技重大专项，并开展了质子重离子医疗装备的研发。为应对突发灾难性天气，开发了震情快速智能评估和应急关键技术，以及超大城市突发性灾害天气（强对流）数字模拟器关键技术。

科技支撑城市数字化转型。上海持续关注数字孪生城市、大数据等前沿技术的发展，并夯实了数据新要素、数字新技术、数字新底座的共性技术支撑，为全市的"一网通办""一网统管"建设提供了有力支持。数字技术有力支持了中共一大纪念馆、北横通道、无人驾驶地铁等重大工程。此外，上海还推动了互联网协议第六版的规模化部署，建设了北斗一体化数字信息大平台，推动了卫星互联网基础设施建设，集约化建设了互联网数字中心，统筹推进了智能算力平台，打造了超大规模人工智能计算赋能平台等。上海数据交易所揭牌成立，国际数据港探索推进了 20 项创新任务实施，成立跨境数字信任、国际数据与算力服务等十大联合实验室助力数据流通。

科技助力绿色低碳城市建设。上海立足碳达峰碳中和的技术创新需求，在全国率先启动了低碳科技攻关布局，探究了上海碳达峰碳中和技术发展路线图和实施路径。同时，还研究制定了《上海市科技支撑碳达峰碳中和实施方案》，发起成立了上海碳中和技术创新联盟，着力提升碳减排关键技术、城市能源清洁化利用和能源互联网关键技术的创新水平，推动绿色技术银行的建设，推进城市节能降碳绿色发展。

在生产领域，中国宝武钢铁集团有限公司开展碳中和关键技术的研发。燃料电池汽车商业化示范运营顺利收官，核心部件国产化成功加速，示范规模位居全国前列。上海还开展了高新区零排放示范，推进了高新区工业废水近零排放及资源化关键技术研发。在生活领域，研发了湿垃圾处理衍生品质量管控和检验技术，建立了湿垃圾二次堆肥产品的农/林核心示范基地，研发生物可降解塑料替代材料关键核心技术并实现示范应用，形成了可降解塑料和湿垃圾共同发酵研究示范路径，提高了湿垃圾就近就地处理过程的能源利用效率。在生态领域，推动了长三角区域大气系统防控，加强大气污染监测预报，保障了金泽水源地饮用水安全，提出了区域协同管控对策，推动了城市生态环境持续优化。

5. 上海积极推进制度创新，为科技创新保驾护航

科技体制是科学技术活动的组织体系和管理制度的总称，它不仅涉及科技系统内部的关联，也折射出科技与经济、社会发展之间的紧密联系。科技体制改革围绕这两个层面展开，旨在提升科技活动的效率、质量和水平，使科技更好地支撑、服务和促进经济社会发展并推动其持续进步。回顾上海科技创新发展取得的历史性成就和改革成果，不难发现上海始终秉持科技创新与体制机制创新"双轮驱动"，矢志不渝地致力于构建与国际科创中心相匹配的现代化科技创新治理体系。在此过程中，上海将科技创新的改革目标置于国际国内发展格局中进行定位和对标，主动适应世界经济和科技发展潮流，紧密契合国家战略需求。

逐步健全科技创新治理体系。聚焦"抓战略、抓改革、抓规划、抓服务"四大核心任务，不断提升科技创新治理能力，逐步构建了一套

与科技创新规律相符合的政策法规体系。自 2020 年 5 月 1 日起，《上海市推进科技创新中心建设条例》正式施行，与"科创 22 条"和"科改 25 条"共同构成了上海国际科创中心建设的政策法规体系框架。此后，上海相继制定出台《关于加快推动国际科创中心核心区建设 服务浦东新区打造社会主义现代化建设引领区的行动计划》《上海市促进大型科学仪器设施共享规定》《上海市科学技术普及条例》《上海市科技信用信息管理办法(试行)》等一系列政策文件，进一步强化顶层设计和法治保障。在全面推进创新改革试验方案的实施过程中，不断增强科技管理效能，国务院授权上海先行先试的 10 项改革举措已基本落地，在国务院批复的两批 36 条可复制推广的举措中，有 9 条为上海的经验做法。在赋权改革试点单位免责机制、技术转移机构收益分配等方面，提出了一系列切实可行的改革举措。经费"包干制"试点范围进一步扩大到全市的自然科学基金项目、上海市"启明星"和"优秀学术带头人"项目、"揭榜挂帅"项目及软科学研究项目、"基础研究特区"项目，以及从集成电路、生物医药、人工智能等领域遴选一批从事基础性、前沿性、公益性研究的独立法人研发机构；"揭榜挂帅""赛马制"等攻关新机制成效初显，并积极探索里程碑式资助模式。上海加快科研诚信体系建设，启动科技信用信息平台，提供信用信息查询、异议受理、信用修复等服务，并进一步完善了科研诚信审核机制，将财税、重大安全事故等 40 条"红线"作为一票否决依据。同时，全面开展科研诚信与作风学风建设专项教育整治活动，以营造风清气正的科研环境。

不断推进科技体制机制改革。持续加大对科创企业培育的支持力度，加快构建市场导向的科技成果转化制度体系，发布和实施科技成果转移转化"三部曲"，努力破解科技成果转化面临的体制机制难题。在 2021 年，上海全面下放高新技术企业认定审核权，并发布了相应的工作指引，进一步加大对高新技术企业的培育力度。截至

2023年底,有效期内高新技术企业总数已突破2.4万家,较2020年增长41.1%。修订了《上海市科技小巨人工程实施办法》,并发布了新一轮《上海市科技型中小企业技术创新资金计划管理办法》,旨在平衡财政政策的普惠性与对重点企业的精准支持,为中小企业开展创新创业活动提供分级分档的支持,并推出"沪科专贷"和"沪科专贴"两项政策工具精准支持小微、民营类科创企业。截至2023年9月底,"沪科专贷"累计发放专项再贷款112.7亿元,惠及科创企业1800余家,支持百余户科创企业首次获得贷款;"沪科专贴"累计发放专项再贴现217.8亿元,惠及科创企业3000余家。受此带动,2023年12月末,专精特新中小企业贷款、高新技术企业贷款、科技型中小企业贷款余额同比分别增长20.8%、20.5%、37.1%,进一步加大对创新创业企业的科技信贷支持力度。

为破解科技成果转化动力问题,上海正努力消除科技成果转化过程中的有权转、如何转、愿意转等体制机制障碍,并开展了职务科技成果所有权或长期使用权试点,以及试点科技创新券用于科技成果转化。同时,推动了闵行国家科技成果转移转化示范区建设,建立了与国际规则接轨的技术转移机制。

上海技术交易所正在加快发展,依托国家技术转移东部中心建设了科技成果转移转化平台,大学科技园进一步做大做强。截至2024年4月末,国家技术转移东部中心已汇集了1004家服务机构,布局了国内网点30家、国际渠道32个,发布创新需求3846条,成功对接1855条,可供交易专利技术达144万余项。

科技创新发展环境日益完善。上海致力于高水平建设创新文化环境,积极搭建国际创新交流平台,不断提升公民科学素质。为此,定期举办一系列科技创新国际交流品牌活动,如浦江创新论坛、世界人工智能大会、世界顶尖科学家论坛、"创业在上海"国际创新创业大赛、上海科技节等,始终坚持科学普及与科技创新并重,"十三五"期间上海公民科学素质继续保持全国第一。

上海一直高度重视优秀科技人才的培养与引进，充分发挥开放引才综合优势，不断完善外国人才政策及服务体系，加快打造具有全球竞争力的人才高地。为此，相继发布了人才政策"20 条""30 条"，并加快实施高端人才计划。基于人才成长规律，形成了分阶段、体系化的科技人才计划体系。2021 年 9 月，上海发布了重点领域（科技创新类）紧缺人才目录，全球高层次科技专家信息平台汇集了 66 万余名全球高层次科技人才数据画像，为全市各科创主体精准引才提供了有力支持。

此外，上海还积极创新人才引进机制。于 2019 年 12 月在全国率先创建外国人工作和居留许可"单一窗口"，实现外国人工作相关证件"同一窗口、并联审批、同步拿证"。2021 年 3 月，又推出外国人来华工作许可"不见面"审批制度 4.0 版，实行外国科技人才无犯罪记录承诺制，进一步简化了审批流程。同时，上海还在长三角一体化示范区建立外国高端人才互认机制，为外籍人才提供了便利的薪酬购付汇通道。2020 年 12 月，上海在全国率先出台创业类外国人才办理工作许可政策，允许孵化器、各类园区载体内尚在创业期的外国人才及研发团队成员办理工作许可，进一步完善了外国人才政策及服务体系。

第三节　科技创新赋能上海社会主义现代化建设

上海科创中心建设已逐步形成科创中心的基本框架体系，成为上海社会主义现代化建设的重要力量。科技创新赋能上海经济社会各领域发展已取得了显著的成效，为社会主义现代化大都市建设的高质量发展奠定了坚实基础。社会主义现代化大都市的建设，不仅要致力于满足人们对未来美好生活的多元化需求,同时也要致力于满足城市可持续发展的需求,全方位地支持社会主义现代化大都市建设的各项工作。聚焦科技助力经济结构优化、提供便捷舒适生活、保障城市通畅运行、赋能城市智慧管理、支持绿色可持续发展、提升市民科学素养等六个方向,不断推进科技攻关和示范应用。

一、助力经济结构优化

面向高质量发展的要求,上海经济结构调整已率先进入新发展阶段,初步形成了以现代服务业为主体、战略性新兴产业为引领、先进制造业为支撑的现代产业体系,科技创新在其中发挥了重要作用。数据显示,2022 年,上海第三产业增加值占全市生产总值的比重达到 74.12%,工业增加值占 GDP 比重保持稳定,显示出实体经济基础进一步夯实。同时,经济增长的重心正逐步向现代服务业、现代制造业和战略性新兴产业转移,对投资以及重化工和劳动密集型产业的依赖不断降低。

战略性新兴产业增加值呈现稳步提升态势。2023 年,战略性新兴产业增加值达到 11 692.50 亿元,同比增长 6.9%。其中,服务业增加值 7 704.32 亿元,增长 10.0%;工业增加值 3 988.18 亿元,增长 1.5%。战略性新兴产业增加值占上海生产总值的比重为 24.8%。

科技创新支撑传统产业和现代服务业加快发展。上海经济增长的主要动力来自现代服务业,其中信息业、金融业等高附加值产业的增加值占比均超过 15%。科技创新对金融科技领域和信息技术领域的关键核心产品发挥重要支撑作用。科技创新为"高端制造＋现代服务"融合发展提供支撑,"十四五"时期科技创新支持传统产业不断释放新动能,上海高端制造业带动经济增长的效应不断增强。以汽车制造、商贸服务为代表的上海传统产业通过信息化和智能化改造不断升级,带来了新的经济增长点。

重点领域自主创新能力不断增强。上海重点聚焦集成电路、人工智能、生物医药三大先导领域,开展关键核心技术攻关。集成电路产业基础能力进一步提升,核心装备及其零部件研制取得积极进展,上海集成电路材料研究院、上海处理器创新中心注册成立并积极建设国家级创新平台。人工智能创新布局与应用加快实施,有效赋能医疗领域辅助诊疗、自动驾驶等场景,并成功应用于抗疫一线。生物医药创新成果大量涌现,2023 年 1—8 月,共获国家药监局 1 类创新药临床批件 133 件,其中细胞与基因治疗临床试验批件 20 件。此外,上海还在海洋船舶、能源技术、航空发动机、前沿新材料制备以及智能制造、区块链、操作系统和软件工具等方面突破了一批关键技术,自主创新能力持续提升,有效支撑了产业链、供应链的安全可控。

二、提供便捷舒适生活

经过长期发展,上海已经跻身万亿级消费市场规模的城市之列。在当代城市发展脉络中,新技术的涌现推动电商消费新模式和新业态快速发展。现代信息技术以其为生活和消费提供快速、智能的体验,逐步推动着消费变革。2020 年,上海全年社会消费品零售总额达到 18 515.5 亿元,比上年增长 12.6%。全年完成电子商务交易额 3.73 万亿元,比上年增长 11.7%。其中,B2B 交易额 2.08 万亿元,增长 4.6%;网络购物交易额 1.65 万亿元,增长 22.2%。网络购物交易额中,商品类网络购物交易额 9 112.8 亿元,增长 8.8%;服务类网络购物交易额 7 353.4 亿元,增长 44.4%。这些数据显示了网络化、智能化对于电商消费的巨大推动作用。

互联网与商业的深度融合,使上海消费群体更加多元化。线上线下零售有机融合呈现出新发展态势,应用终端多样化和智能化,为人们的生活和消费提供了便捷化、智能化、扁平化解决方案。同时,消费者深度参与重构生产消费流程,以科技驱动个性化消费发展。上海充分利用其作为全球一流设计之都的优势,通过"零售＋互联网＋数据分析"的方式,不断推动供应链的整合与优化,使个性化消费开始兴起,并催生了众多网红品牌。这一系列的变革与发展,充分展现了上海作为现代化大都市在消费领域的引领与创新能力。

三、保障城市通畅运行

上海拥有完善的现代化基础设施体系和公共服务体系,在城市运行方面科技创新的作用尤为突出。科技力量正在驱动着城市的数字化转型,推动人工智能、太赫兹等尖端技术在城市建设、改造升级、精细化管理以及综合交通智慧化协同联控等多个方面的广泛应用。首批可共享的数据物联感知设备已经完成部署,为政务服务"一网通办"、城市运行"一网统管"等提供了坚实支撑。智能安检系统为进博会等大型活动的安保工作提供了有力保障,有效降低了超大城市人员聚集可能带来的潜在风险。上海在重大成果应用示范方面也取得了显著进展,首批入选国家"互联网＋智慧能源"示范项目已顺利完成验收。在全球环境基金和联合国开发计划署的支持下,中国燃料电池汽车商业化三期示范工程已经成功推广近1500辆燃料电池汽车。新一代超级电容电动城市客车在马其顿、意大利等国家开展示范运营,全球首个"5G＋L4级智能驾驶重卡"示范运营项目也在上海洋山港正式启动。

案例:科技助力进博会安全

在第二届世界进口博览会的现场,AR、5G等技术的创新应用,助力提升观众观展体验。为方便参观者轻松逛馆,主办方推出手机AR定位导航系统,根据需求和搜索热度,该导航系统列出了电梯、洗手间、美食等功能区,通过一键搜索,周边信息尽在掌握。本届进博会实现了国家会展中心及周边区域的 5G 网络全覆盖,这一技术的创新应用,也提升了消防、医疗等方面的服务保障能力。上海卫健委、上海医疗急救中心联合中国移动等,共同搭建了 5G 进博会应急医疗保障平台,运用 5G 技术实现医院和救护车的无缝对接。

上海正积极运用现代信息技术,全面支撑城市运维和管理的智能化与高效化,以此推动社会主义现代化大都市建设的智能化发展。基于对城市建筑信息模型(BIM)的深入研究,构建了 BIM 全生命周期信息化应用平台,旨在提升建筑设计、施工、运营全过程的智能化水平。同时,新型安监系统的研制与应用,为浦东机场、虹桥机场等交通枢纽设施提供了智能高效的安全管理解决方案。通过大数据分析预警等关键技术的研究,上海在地铁隧道结构的智能检测和智能预警方面取得了重大突破,相关成果在上海、杭州、天津等地的地铁隧道运营工程中得到应用。

为满足市民高效便捷出行的需要,上海积极推动多层次交通科技的研发和应用,致力于解决城市交通拥堵、城市交通布局优化以及提升市民交通出行体验等问题。借助大数据、5G(或 6G)、物联网、人工智能等先进技术,上海深入挖掘数据资源,通过城市建设和数字化模拟、可视化城市智慧信息平台等最新技术研发和应用,推动城市智慧发展和绿色生态区域的规划和治理。

四、赋能城市智慧管理

上海致力于运用智能技术优化城市管理,涉及领域广泛,包括基础设施建设、城市建筑管理、交通运营管理等多个方面。在提升基础设施耐久性方面，积极开展快速路网桥隧快速诊断修复和大型交通基础设施安全等技术研究，为城市基础设施的稳定运行提供了有力支撑。在超高层建筑智慧管控方面，成功研发拥有自主知识产权的数字建造技术体系，并应用于上海中心大厦的建造过程，开创了上海超高层数字建造的新模式，为城市建筑管理的智能化提供了新思路。为实现基础设施运营的智慧管理，开展了交通枢纽车库智能调控技术研究，并在虹桥枢纽进行实践应用，有效提升了中国国际进口博览会周边交通枢纽综合管控能力，为城市交通的顺畅运行提供了保障。同时，还重点围绕高层建筑消防安全以及地下空间和周边环境安全等重点安全防控区域进行技术攻关。通过研发基于 BIM 系统的超高层建筑消防安全运行关键技术，以及基于阵列式微电流场的围护结构渗漏隐患无损检测技术，有效攻克了城市超高层建筑和封闭型消防等技术难题，为城市的安全运行提供了有力保障。这些科技创新成果的应用，有效降低了城市安全运行风险，为城市的持续稳定发展提供了坚实的科技支撑。

五、支持绿色可持续发展

绿色技术为城市可持续发展提供了有力支撑，在绿色建筑、立体空间开发、建筑工业化等方面支撑城市可持续发展，实现资源的高效利用和建造成本的降低。

在环境保护和节能减排方面，上海加大技术研发，通过 LED 照明展馆应用技术体系、展厅送风及会展垃圾大分类系统等超规范技术的研发，推动国家会展中心等大型展馆低碳园区建设和安全运营。上海通过国内首台大断面矩形盾构机及其隧道设计施工技术，有效减少对地下空间及周边居民生活和建筑物的影响，展现了绿色科技在城市建设中的重要作用。

在高层建筑建造方面，成功研制出预制装配式技术，有效降低了工程造价,减少了资源投入和环境污染。为解决城市道路交通繁忙、建筑物密集等问题,通过类矩形隧道断面技术的应用,在城市轨道交通建设期间实现了地下空间节约利用。在高架桥梁建设方面,通过桥梁的预制、拼装、成套技术的研究与应用,上海有效缩短了城市高架桥梁建设工期,减少了资源消耗和对周边环境的影响。这些成果展示了上海绿色科技在城市可持续发展中的重要作用和贡献。

六、提升市民科学素养

在科学传播方面,为不断提升市民的科学素养,上海持续举办科技节,致力于将其打造成为公众科技的盛大嘉年华。在活动的策划与实施过程中,注重内容的创新和渠道的拓展,力求打造独具特色的科普品牌,推动上海科普事业实现高质量发展。同时,上海大力弘扬科学家精神,面向公众特别是青少年群体,推出了《未来说:执牛耳者》《少年爱迪生》等科普品牌节目。通过举办上海科创先锋展,展映了《钱学森》《袁隆平》等多部科学家传记电影,开展"最美科技工作站"评选活动,以彰显科技成果背后不断探索和创新的科学精神和科学家精神。

在文化传承方面,上海积极应用先进技术推动文化传承。通过多项技术研发,实现了城市文化建筑的历史传承,促进历史建筑的整体保护,并推动老建筑的布局更新。根据上海历史建筑的特点,研发关键技术并推广应用,形成了一套完善的历史文化遗产保护方法和机制,包括上海思南公馆和上海爱乐乐团大楼外立面修缮工程、上海玉佛寺整体移位顶升等。通过技术推广,上海在全市历史建筑修缮保护方面的应用面积超过了210万平方米。

第四节　未来愿景：以人民为中心推进上海社会主义现代化建设

中国共产党始终坚持以人民为中心的发展理念，致力于推进并实践符合中国国情的现代化进程，确保现代化建设成果能够更广泛、更公平地惠及全体人民。在党的领导下，上海致力于建设一座以人本价值为核心的人性化城市，一座人人都有人生出彩机会的城市、人人都能享有品质生活的城市、人人都能得以无忧无虑的城市、人人都能有序参与治理的城市、人人都能切实感受温度的城市、人人都能拥有归属认同感的城市。在这座城市中，人们可以诗意地栖居，每一个生活于此的居民都能够得到尊重和关爱，找到属于自己的安身之地、奋斗之所和圆梦之城。整个城市既充满规则秩序，又洋溢着生机活力；既倡导个人奋斗，又体现团结互助；既是干事创业的热土，又是幸福生活的乐园。这便是上海社会主义现代化的未来愿景。具体来说，以科技创新引领的人民城市应实现人人享有发展平台、养老无忧、育幼无虑、出行智能绿色、多元化需求得到满足以及城市治理温馨高效的美好愿景。

一、成就人民：赋能城市经济高质量发展

城市的魅力犹如磁铁一般，吸引着人们前来探索、定居和发展。而这份魅力源自城市为每个人提供的良好发展机会和广阔平台，其中科技创新的力量不容忽视。

高科技产业是城市发展的新质引擎，以其独特的创新能力和市场竞争力，为城市带来了源源不断的发展动力。坚持以现代服务业为主体，先进制造业为支撑的战略定位，是上海城市发展的明智选

择。在这样的定位下,上海不仅能够提供丰富的就业机会,更能为创业者搭建起宽广的舞台,让每一个有梦想、有才华的人都能在这里找到属于自己的位置。

科技创新赋能城市的创造力、竞争力和影响力。通过持续的创新,不仅能够使科技与城市的传统优势相结合,进一步提升城市的综合实力和国际竞争力,更能让这座城市成为吸引人才的"强磁场"。在这里,每一个人都能感受到城市的发展脉搏,都能在这里找到属于自己的发展机会。上海要成为一座充满活力的机遇之城,让更多的天下英才汇聚于此,与城市居民共同分享城市发展的成果,共同书写这座城市的辉煌篇章。

二、造福人民:满足市民高品质生活需求

生活性是城市的第一属性,城市建设的最终追求是让所有居民都能享受到高品质的生活。上海建设社会主义现代化大都市,就是要让每个人都能体验到优质生活。科技创新支撑社会主义现代化大都市建设,关键在于实现科技为民所用,让现代科技深入渗透到城市生活的每个角落,在全社会营造出一种智能、便捷、健康、活力、生态、绿色的生活方式和理念。

实现生活的智能化和便捷化。数字化成为推动经济社会发展的核心动力,运用大数据、云计算、智能硬件及平台等新技术,建立起全域感知、万物互联、泛在计算、数据驱动、算法辅助决策的强大管理支撑平台,让居民畅享智慧便捷的大都市生活。

使生活更加健康和有活力。普及健康的生活方式,通过智慧健康驿站、区域医疗中心、健康上海全景电子地图等科技手段与政策措施提升健康服务水平,通过科技创新推动健康产业发展,提供更丰富的健康产品,提升居民健康水平,激发卫生健康领域的科技创新活力。

生活方式实现生态化和绿色化。生产和生活方式实现绿色转型，低消耗、少排放、能循环、可持续的绿色低碳发展方式成为全社会的新风尚。城乡环境质量持续改善，更加绿色和宜居，生态空间规模扩大，生态品质不断提升。

三、保障人民：城市环境安全安心安康

上海建设社会主义现代化大都市，就是要让每个人都能体验到安全、安心和安康的生活。科技创新为保障城市安全运行、为居民营造平安幸福的环境提供了强大的支撑。

高标准的安全保障守护生命与财产。无论是物理环境还是网络安全，都有严格的法规和措施来保障。城市的基础设施坚固可靠，能够抵御自然灾害和其他潜在的威胁。警务系统高效而公正，采用智能监控和巡逻相结合的方式，确保犯罪率保持在最低水平。采用先进的交通管理和自动驾驶技术减少交通事故。城市具备全面的应急响应体系，确保在紧急情况下能够迅速有效地保护居民的生命财产安全。

高水平的城市服务关爱每个个体。在这个理想的城市，无论年龄、健康状况、家庭状况，每个人都能得到悉心照料与关爱，都能感受到深深的归属感和社区的温暖，真正地实现老有所终、幼有所教、贫有所依、难有所助，鳏寡孤独废疾者皆有所养。在日常生活中，城市规划注重人性化，提供充足的公共空间和绿地，让人们在繁忙的生活中找到放松和休憩的地方。教育、医疗和文化设施充足且易于获得，每位市民都能接受良好的教育和医疗服务，享受丰富的文化生活。

高质量的城市设施与环境滋养安康生活。居民的健康和福祉是一座城市魅力与活力的基础保障。城市环境清洁，空气质量优良，水资源得到严格保护和管理。公共卫生系统健全，提供全民健康检查和疾病预防服务。生活方式健康，市民进行日常锻炼的公共空间能

得到有效保障,工作与生活的平衡得到重视,保证居民有足够的时间休息和娱乐,确保所有市民都能享受到基本的生活保障,获得幸福感。

四、依靠人民:城市治理温暖而高效

政府、社会、市民等各方合力,全面协调城市建设和人民生产生活、生态环境保护等各个方面,不断推进城市科学化、精细化、智能化治理,实现城市治理现代化水平全面提升,使之真正成为让每个人都能深刻感受到温度的城市以及让每个人都能有序参与治理的城市。

运用新方法新手段治理城市。智能化的现代化基础设施体系逐步构建,实现"一网通办""一网统管"高效运作,使城市的安全性和韧性全面提升。

凸显人性化的城市治理特点。坚持以人为本,确保每个人均享有平等的表达权和参与权,基层和社区活力不断释放,法治名片更加璀璨,执法和司法公信力以及社会法治意识持续增强,形成全民参与法治建设、获得平等保护、感受公平正义、共享法治成果的生动局面,树立超大城市治理的典范。

城市空间治理模式不断创新。城市产业发展、基础设施、公共服务、资源能源、生态环境保护等主要布局实现统筹规划,市区与郊区、城市与乡村深度融合发展,城乡互补、共同繁荣的新型城乡关系和城市空间形态逐步构建,成为治理体系和治理能力现代化的城市样本。

五、根植人民:人人拥有归属感与认同感

认同感塑造城市的独特文化内核,增强市民的集体荣誉感;归属感让市民将城市视为家,形成深厚的地方情感。认同感和归属感不仅是居民对于城市的情感连接,更是城市发展核心动力的心理源泉。上海通过引领科技传播、形成创新文化以增强全球科创中心市民的

认同感,并通过这份认同感来进一步集聚科技创新天下英才,强化归属感留住人才。

塑造具有全球影响力的科技传播中心。实现公民科学文化素质全国领先,基础设施体系更加完善,涌现大量科普品牌活动和产品,成为全国科普高质量发展的标杆。上海通过多种途径提升市民科学素养,包括强化科学教育、普及科学知识、举办科技活动等,培养市民创新精神和实践能力,使他们更好地适应城市发展需求,从而增强作为全球科创中心一员的归属感和认同感。

建设全球创新文化中心。形成多元包容、独具海派特色的创新创业文化土壤和人人崇尚创新、人人渴望创新、人人皆可创新的社会氛围,成为全球创新创业者集聚和向往的理想城市。

打造天下英才集聚之地。紧紧围绕全球科创中心的认同感与归属感,设立吸引并留住人才的制度和政策,如人才引进优惠措施、完善的教育培训体系及激励创新的科研环境。同时,关注本土人才培育与发展,为他们提供充足的发展空间与机会,以实现自我价值,进而增强人们对城市的归属感和认同感。

第五节　科技创新中心支撑社会主义现代化大都市建设

上海建设全球科创中心,对社会主义现代化大都市建设具有重要的支持作用,对中国式现代化建设具有重要示范作用。基于这个战略定位,通过深刻理解党与国家对上海科创中心建设,结合社会主义现代化大都市建设和人的全面发展的战略要求,提出以下制度创新基本原则以及相关举措建议。

提升经济动力的制度创新,必须全面深化构建高水平社会主义市场经济体制,必须始终坚持将提升城市全球资源配置、科技创新策源、高端产业引领与开放枢纽门户核心功能作为推动经济高质量发展的主攻方向。塑造未来城市的制度创新,其出发点在于牢牢把握超大城市治理的特点和规律,着力在科学化、精细化、智能化上下功夫,把全生命周期管理理念贯穿于城市治理全过程,提升城市品质,努力走出超大城市治理现代化的新路。对接全球市场的制度创新,要求实现全球要素资源高效流动、高效配置、高效增值,使上海的国内大循环中心节点和国内国际双循环战略连接的地位更加凸显,提升上海软实力和国际传播能力。推动上海更深地融入全球经济体系、参与全球经济治理,使更多的"上海指数""上海价格"成为全球市场的晴雨表,更多的"上海标准""上海方案"成为国际规则制定的参照系。推动人的全面发展的制度创新,重视人的个性、能力和知识的协调发展,人的自然素质、社会素质和精神素质的共同提高,使人的政治权利、经济权利和其他社会权利充分体现。

一、提升经济动力的制度创新

在前沿科学领域,推动国内外顶尖人才集聚与流动的自由化。有人才的城市更有未来,当下经济活动的突出特点是创新活动以及杰出人才越来越集中在少数几个城市和地区。随着新技术不断颠覆各个行业,越来越多的企业为了追求变革的步伐向着人才聚集的地区汇聚,城市、人才和企业构成密不可分的利益共同体。各区域对于人才的争夺愈演愈烈,上海通过实施更具吸引力的海外人才制度型开放举措、根据实际需求向用人主体充分授权、完善有利于人尽其才的使用和激励机制、深入推进激发人才活力的评价机制改革、健全用人主体的人才培养制度体系、建设国际人才发展引领区等举措打造人才高地,需要以制度来保障顶尖人才自由聚集和流动,同时也需要以制度来营造自主培养顶尖人才的环境。

面向多学科领域融合,实现科学新问题凝练与科研新项目形成的自主化、精准化、快速化。科技创新战略是科技创新活动方向性的指导,战略的核心在于凝练问题,并根据现有条件决定待解决问题的先后顺序。在这个充满了主观因素的过程中,需要制度来保障决策的客观性、科学性和公正性。在科技创新战略的实施过程中,即解决科学技术问题时,如何协同科研管理部门与创新主体快速形成科研攻关项目同样需要制度支撑。

面向颠覆性技术的持续爆发,强化创新主体协同,率先实现产业的数字化、智能化、绿色化升级。在竞争日趋激烈的环境中,企业很难在短期内独自实现数字化、智能化与绿色化,需要通过与创新生态系统中其他主体的开放合作来迅速获得能力与资源。目前,我国大多数创新生态系统主体之间功能定位重合、差异化程度不高、协作紧密程度不足,难以实现针对不断变化的需求灵活、迅速地组织攻坚克难,需要通过制度创新打破有碍于开放创新的制度藩篱,形成创新主体新型协同合作等机制。特别是,随着数据逐步成为数字经济时代重要生产要素、核心资源和产业智能化的重要基础,传统的经济增长动力、产业变迁逻辑等正面临巨大挑战和深刻调整,需要提出新的数字治理制度引导数字经济健康发展。此外,气候变迁与环境问题对人类社会的可持续发展构成严重威胁,在二氧化碳减排、环境保护等领域容易出现市场失灵问题,需要政府的政策引导与市场的自由竞争合力推动产业的绿色化升级与转型。

引导科技创新赋能经济动力提升,有效规避技术带来的经济风险。新技术特别是颠覆性技术能够催生新产业、新模式、新需求,同时也会带来机器人普及下的劳动替代与失业危机、大数据平台的信息垄断、远程办公环境下知识产权确权困难、人工智能生成的数字产品知识产权归属不明、去中心化的金融技术带来的系统性风险等新挑战。应对这些新挑战均需要政府能够迅速识别风险、灵活响应、持续协调监管新技术与经济效益的关系,探索新的监管制度,主动应对、提前布局治理方案。

二、塑造未来社会的制度创新

顺应科技发展趋势,全面强化创新要素配置,夯实未来科技基础。科学新思想的产生离不开科学家之间的思想交流与碰撞,然而熟人社会的思维模式容易导致交流局限于地缘、学缘的小圈子当中。因此,学术界要形成全新的、开放的沟通交流模式,需要创造更多的供陌生人之间进行思想交流、碰撞的场所和机会。人才是创新的动力源泉,如何在国家之间、城市之间日趋白热化的人才竞争中取得优势,如何使人才能够满足不断变化的学科发展和创新需求,需要新的人才制度保障顶尖人才的获取与培养。世界级大科学设施是国之重器、科学新发现的源泉,目前上海虽然已经建立了大科学装置的对外开放制度,但是在使用方法的改进、开发和普及方面还存在明显不足,装置的潜力尚未得到最大限度的发挥,需要新的制度促进使用方法的改进与普及,进而提升使用效率。基础研究的成果多数不会带来直接的经济社会效益,却是创新驱动的源头活水,需要社会更深刻地认识到基础研究的重要意义,需要更进一步鼓励社会对基础研究进行多元化的投入。当前,新的科学领域不断在学科交叉融合中产生,传统的学科设置无法有力地、持续地支撑学科交叉融合,因此需要探索新的制度保障基础学科、应用学科之间,以及自然科学与人文社会科学之间的交叉融合实现常态化。

以绿色转型为突破口,强化经济与社会的协调发展,推进生态文明建设。应对气候变化已经成为全球的共识,各主要国家纷纷公布碳中和时间表。新能源技术不断突破,绿色产业不断壮大,新的商业模式不断生成,社会全面绿色转型的动力基础已经形成。然而仅依靠市场的调节难以保障绿色转型的高效进行,需要有为政府通过可见的指挥棒——制度供给来加速转型的进程,政府还需要大力宣传普及绿色发展理念、主导基础设施的绿色化升级、早日实现公共交通零碳排放、为氢能等新一代绿色技术发展提供应用场景。政府在推进经济和社会绿色发展的同时,还需要用新技术、新理念营造青山绿水式的美好生态环境,打造以人为本的城市环境。

引导科技向善,有效规避技术对社会带来的冲击。新兴技术为全球减贫、应对气候变暖、增进健康与福祉、实现教育公平、防止物种多样性流失等可持续发展目标提供新的解决方案,同时电子设备废弃物带来的环境污染、基因编辑婴儿带来的伦理之争、区块链应用带来的隐私风险、社会财富向新兴技术领域倾斜拉大行业间收入差距等问题,新兴技术的两面性引发人们对科技创新社会责任的关注。解决此类新挑战需要政府科学、合理地匹配新兴技术发展所需的制度资源,明确治理原则、理顺治理关系、开发新的治理工具。

三、对接全球市场的制度创新

构建开放创新体系,对接全球创新资源,推动国际规则的制定。科学思想作为知识的一种形式,是人类的共同财富,交流与碰撞是科学新思想产生与普及的路径,需要持续的制度供给来克服地域、语言、文化以及近年来中美科技脱钩等带来的阻碍。另外,顶尖人才、大科学设施、风险投资资本是科技创新的核心要素,开放的创新体系建设需要新的制度供给来保障创新要素在国际流动中的自由化。同时,也需要推动数据治理、人工智能治理原则、科研伦理等国际准则的制定,主动应对、超前布局前沿科技与新型产业衍生的伦理、安全、负外部性等问题。

构建人类命运共同体,对接联合国可持续发展目标,领导应对全球性挑战。使建设持久和平、普遍安全、共同繁荣、开放包容、清洁美丽的世界的人类命运共同体理念与联合国可持续发展目标相对接,形成人类共同的价值观与世界观。共同探索、推进前沿技术和培育新兴产业,探索应对粮食安全、能源安全、气候变暖、人工智能冲击就业、基因编辑、生物技术和信息技术革命对人类的一系列挑战,这些过程均需要新的制度供给来主导、对接国际通用规则。

四、推动人的全面发展的制度创新

人的现代化,建立在人民群众对美好生活的需要不断得到满足、人的全面发展持续推进的基础之上。坚持以人民为中心的发展思想,坚持一心成就人民、不断造福人民、切实保障人民、紧紧依靠人民、牢牢根植人民的智慧和力量,持续推动人的全面发展,不断促进人的现代化。

健全促进教育均等化和科学素养提升的教育制度。探索完善高质量的教育体系与全方位全周期的人才培养机制,提高人力资本整体水平及人类全面发展能力。持续推进基本公共教育均衡发展,在高中教育阶段强化 STEM 教育,为未来储备科技人才,提升学生科学素养。凸显职业技术教育的特色,完善相关国家标准的制定。提高职业技术教育对经济社会需求的适应性,大力培育技术技能人才,实施"学历证书+职业技能等级证书"制度,并探索具有中国特色的学徒制。

构建更高水平的研究生教育体系。分类推进"双一流"建设,增强高校学科设置的针对性,深化基础学科高层次人才及跨学科人才培养模式改革。加强研究生培养过程管理,提升研究生教育质量,逐步形成自主培养世界级高水平人才的能力。

主动探索人机协作的劳动分工制度。处理好人机的分工与协作以及人机的双向适应,一是要求人主动适应机器,亟须建立和完善适应人工智能时代的教育体制、人才培养与再培训机制以及社会保障体系。高等教育要实施深刻的根本性变革,发展学生的自主学习能力,形成创新思维,激发其创造力。职业教育应及时关注涉及人机协作的新技能、新工作,并大力拓展服务业相关的人才培训。二是探索和规范基于人机协作能力和效率的薪酬机制,强化社会保障体系托底,探索基本收入制度、工作抵押制度等,为劳动者提供在失业和工作转换过程中的经济保障和尊严需求。三是强化人工智能技术的研发和应用中的人类关怀原则,通过多层次、刚柔相济的人工智能治理体系促进人的发展,赋能人对工作的美好体验。

参 考 文 献

[1] 薄贵利.论国家战略的科学内涵[J].中国行政管理,2015(7):70-75.

[2] 薄贵利.十九大报告国家战略解读[J].领导科学论坛,2018(14):32-45.

[3] 曹效业,叶小梁,樊春良.国立科研机构的形成、演化及其在国家创新体系中的作用[J].科学新闻,2000(43):8-10.

[4] 陈劲,阳银娟.协同创新的理论基础与内涵[J].科学学研究,2012,30(2):161-164.

[5] 陈劲.关于构建新型国家创新体系的思考[J].中国科学院院刊,2018,33(5):479-483.

[6] 陈强.德国科技创新体系的治理特征及实践启示[J].社会科学,2015(8):14-20.

[7] 楚树龙.中国的国家利益、国家力量和国家战略[J].战略与管理,1999(4):13-18.

[8] 杜德斌,张仁开,祝影,等.上海创建国际产业研发中心的战略研究[J].科学学与科学技术管理,2005,26(4):23-29.

[9] 杜德斌.上海建设全球科技创新中心的战略思考[J].上海城市规划,2015(2):5.

[10] 杜德斌.全球科技创新中心:动力与模式[M].上海:上海人民出版社,2015.

[11] 杜德斌.全球科技创新中心:世界趋势与中国的实践[J].科学,2018,70(6):15-18,69.

[12] 杜德斌.以教育科技人才融合发展引领中国式现代化建设[N].文汇报,2023-06-09.

[13] 敦帅,陈强,贾婷,等.新形势下科技创新治理体系现代化的理论体系构建研究[J].科学学与科学技术管理,2022,43(3):20.

[14] 樊春良,李哲.国家科研机构在国家战略科技力量中的定位和作用[J].中国科学院院刊,2022,37(5):642-651.

[15] 樊春良.国家科技发展战略初论[J].科学学研究,1998(3):35-43.

[16] 樊春良.国家战略科技力量的演进:世界与中国[J].中国科学院院刊,2021,36(5):533-543.

[17] 范内瓦·布什,拉什·D.霍尔特.科学:无尽的前沿[M].崔传刚,译.北京:中信出版社,2021.

[18] 傅翠晓,王磊.科技赋能未来人民城市建设的前景分析[J].张江科技评论,2020(6):58-61.

[19] 高鸿钧.加强国家战略科技力量协同 加快实现高水平科技自立自强[J].中国党政干部论坛,2022(2):6-11.

[20] 高旭东.实现科技自立自强的核心要求与战略措施[J].清华管理评论,2021(5):54-63.

[21] 耿挺.打造创新策源地,上海激活这些原始创新基因[N].上海科技报,2022-09-29.

[22] 郭明,彭奕,欧阳进良,等.借鉴"任务式指挥"理念改进科技管理的几点思考[J].科技中国,2020(11):37-40.

[23] 韩英军,连红军,王晓阳.京津冀协同创新共同体的内涵与创建价值[J].中外企业家,2016(19):20-21.

[24] 贺茂斌,任福君.国外典型科技创新中心评价指标体系对比研究[J].今日科苑,2021(3):1-8,33.

[25] 侯璟琼.上海科技创新迈向新征程[J].科技智囊,2021(8):63-70.

[26] 侯媛媛.国外支持基础研究的主要举措及对我国的启示[J].军民两用技术与产品,2021(11):30-34.

[27] 胡开博,苏建南.比利时微电子研究中心30年发展概析及其启示[J].全球科技经济瞭望,2014,29(10):52-62.

[28] 胡曙虹.全球主要城市发展战略规划中的愿景及目标[J].世界科学,2020(S1):28-31.

[29] 胡曙虹,杜德斌,段德忠,等.中国企业 R&D 全球化与创新能力升级:一个区位-关系视角的解释框架[J].世界地理研究,2023(7):1-12.

[30] 胡曙虹,蒋娇燕.上海发展具有引领策源功能的创新型经济的策略研究[J].中国国情国力,2022(7):32-36.

[31] 胡晓辉,杜德斌.科技创新城市的功能内涵、评价体系及判定标准[J].经济地理,2011,31(10):1625-1629.

[32] 胡宗雨,李春成.从科学共同体到创新共同体——溯源与运行机制[J].商,

2015(38):116-117.

[33] 黄涛,程宇翔."科技举国体制"的再审视[J].科技导报,2015,33(5):125.

[34] 姜晓凌.进入关键跃升期,上海科创中心建设有哪些底气?[N].上海科技报,2022-09-27.

[35] 蒋娇燕,朱学彦.上海强化国家战略科技力量的路径与对策[J].科技中国,2023(12):64-67.

[36] 李春成.京津冀协同创新共同体:从理念到战略[M].北京:知识产权出版社,2018.

[37] 李培鑫,杨朝远,张学良.上海服务构建双循环新发展格局的内涵、路径和对策[J].科学发展,2021(4):10.

[38] 李瑞,梁正,薛澜.技术演化理论视角下新型举国体制分类与边界[J].科学学研究,2023(8):1-18.

[39] 刘雪芹,张贵.创新生态系统:创新驱动的本质探源与范式转换[J].科技进步与对策,2016,33(20):1-6.

[40] 罗月领,高希杰,何万篷.上海建设全球科创中心体制机制问题研究[J].科技进步与对策,2015,32(18):28-33.

[41] 骆大进.坚持科技创新和制度创新双轮驱动[N].文汇报,2016-08-10.

[42] 吕薇.把科技自立自强作为国家发展战略支撑[N].经济日报,2020-12-01.

[43] 潘教峰,杜鹏.从基础研究谈如何夯实科技强国的知识基础[J].中国人才,2022(3):56-57.

[44] 潘教峰,鲁晓,王光辉.科学研究模式变迁:有组织的基础研究[J].中国科学院院刊,2021,36(12):1395-1403.

[45] 钱智,史晓琛.上海科创中心建设成效与对策[J].科学发展,2020(1):5-17.

[46] 乔纳森·R.科尔.大学之道[M].冯国平,赫文磊,译.北京:人民文学出版社,2014.

[47] 阮青,赵宇刚.上海建设具有全球影响力科技创新中心的思考和建议[J].科学发展,2015(6):65-69.

[48] 上海市科学技术委员会.2023上海科技进步报告[R].上海:上海市科学技术委员会,2024.

[49] 上海市人民政府发展研究中心课题组,肖林,周国平,等.上海建设具有全球影响力科技创新中心战略研究[J].科学发展,2015(4):63-81.

[50] 苏宁,屠启宇.构建创新共同体协同创新谋发展——美国建设创新共同体应对危机[J].华东科技,2013(2):70-73.

［51］ 孙茂新.建设中国的一流大学［J］.求是,2011(22):60 - 61.

［52］ 孙新彭.关于建构国家战略方程的思考［J］.发展研究,2016(10):9 - 10.

［53］ 万劲波,张凤,潘教峰.开展"有组织的基础研究":任务布局与战略科技力量［J］.中国科学院院刊,2021,36(12):1404 - 1412.

［54］ 汪继年.国家科技发展战略体系化演进述评［J］.中国集体经济,2012(3):75 - 77.

［55］ 汪前元.中心城市在转型中的功能、地位、特点［J］.湖北大学学报(哲学社会科学版),1998(3):21 - 26.

［56］ 汪怿.上海建设全球科技创新中心的人才问题——基于上海科技人员的抽样调查［J］.上海经济研究,2015(4):113 - 122.

［57］ 王国平.构建与具有全球影响力的科技创新中心相匹配的上海产业升级环境［J］.科学发展,2015(2):16 - 19.

［58］ 王雪莹,石谦.打造全球科技创新人才"理想之城"［J］.中国科技人才,2022(1):15 - 23.

［59］ 王峥,龚轶.创新共同体:概念、框架与模式［J］.科学学研究,2018,36(1):140 - 148,175.

［60］ 魏礼群,张占斌,王满传.习近平总书记中国式现代化重要论述研究［J］.前线,2022(8):4 - 12.

［61］ 我国首次人工合成结晶牛胰岛素蛋白白［N］.人民日报,2009 - 09 - 18.

［62］ 吴苡婷.攻破"基础研究"堡垒供给侧上的一场"革命"［N］.上海科技报,2023 - 11 - 10.

［63］ 夏先良.如何构建开放型科技创新体制体系［J］.人民论坛·学术前沿,2017(6):62 - 76.

［64］ 筱雪,谷峻战,童爱香,等.美国推进创新共同体建设的模式和案例分析［C］//中国软科学研究会.第十一届中国软科学学术年会论文集(下).中国软科学杂志社,2015.

［65］ 肖小溪,李晓轩.关于国家战略科技力量概念及特征的研究［J］.中国科技论坛,2021(3):1 - 7.

［66］ 谢会时.坚定不移推进中国式现代化——学习贯彻习近平总书记在省部级专题研讨班上的重要讲话［J］.新西藏(汉文版),2022(8):26 - 27.

［67］ 谢章澍,杨志蓉.创新共同体:企业全员创新模式的新探索［J］.科学学研究,2006(5):775 - 779.

［68］ 许学国,桂美增,张嘉琳.多维距离下科创中心辐射效应对区域创新绩效的影响——以长三角地区为例［J］.科技进步与对策,2021,38(10):56 - 64.

［69］ 薛澜,梁正.构建现代化中国科技创新体系［M］.广州:广东经济出版

社,2021.

[70] 闫傲霜.强化全国科创中心的核心功能[J].北京人大,2015(7):55-57.

[71] 杨莲秀.上海构建更高层次现代化经济体系研究[J].科学发展,2019(2):5-15.

[72] 杨兴华.面向21世纪的中国城市发展战略[J].决策与信息,1997(2):7-8.

[73] 易会满.加快构建更加成熟定型的资本市场基础制度体系[J].中国金融家,2020(10):16-18.

[74] 尹西明,陈劲,贾宝余.高水平科技自立自强视角下国家战略科技力量的突出特征与强化路径[J].中国科技论坛,2021(9):1-9.

[75] 俞陶然.担负起国家战略科技力量承载地使命[N].解放日报,2023-12-15.

[76] 张坚,黄琨,李英,等.张江综合性国家科学中心服务上海科创中心建设路径[J].科学发展,2018(9):11-19.

[77] 张励.二十世纪五六十年代中国共产党对上海城市精神的再造[J].上海党史与党建,2016(7):21-23.

[78] 张宓之,高鋆,胡曙虹.创新要素集聚、空间溢出效应与区域企业群发展[J].创新科技,2020,20(11):17-24.

[79] 张仁开,刘效红.上海建设国际创新中心战略研究[J].科学发展,2012(11):11.

[80] 张仁开.从科技管理到创新治理——全球科技创新中心的制度建构[J].上海城市规划,2016(6):46-50.

[81] 张仁开.国内外科学城建设研究:基于政策比较的视角[J].中国名城,2022,36(10):3-8.

[82] 张仁开.京沪深国际科技合作政策比较研究[J].科技智囊,2022(9):19-27.

[83] 张仁开.上海建设全球科技创新中心与长三角区域科技一体化[J].江南论坛,2014(10):15-17.

[84] 张仁开.上海培育全球科技创新中心核心功能的对策研究[J].安徽科技,2018(6):6.

[85] 张士运,王健,庞立艳,等.科技创新中心的功能与评价研究[J].世界科技研究与发展,2018,40(1):61-70.

[86] 钟嘉毅,汤洁,张宏武.穗深协同共建国际科技创新中心的实现路径[J].天津中德应用技术大学学报,2021(4):6-12.

[87] 朱学彦,蒋娇燕.地平线欧洲计划的科技资源配置及对我国的启示[J].全球科技经济瞭望,2021,36(7):35-40.

［88］朱学彦,文武,张宓之,等.创新型经济促进供给侧结构性改革的动力机制研究［J］.科技中国,2019(7):18－23.

［89］朱学彦,张宓之.集中力量办大事体制的演变及内涵研究［J］.创新科技,2020,20(12):15－21.

［90］庄珺.预见未来:2035的科学、技术与创新［J］.世界科学,2020(S1):19－24.

［91］邹荣庚,杜捷.试论解放后上海城市功能定位的变化及其原因［J］.上海党史与党建,2001(12):26－30.

［92］CAO C, SUTTMEIER R P. Challenges of S&T system reform in China［J］. Science, 2017,355(6329):1019－1021.

［93］EUROPEAN COMMISSION, JOINT RESEARCH CENTRE, NINDL E, et al. The 2023 EU industrial R&D investment scoreboard ［R］. Luxembourg: Publications Office of the European Union, 2023.

［94］EVANS G. Creative cities, creative spaces and urban policy ［J］. Urban studies, 2009,46(5－6):1003－1040.

［95］FLORIDA R. Cities and creative class ［M］. New York: Routledge.2005.

［96］TÖDTLING F. Endogenous regional development ［M］. Amsterdam: Elsevier, 2009.

［97］LANDRY C. The creative city:a toolkit for urban innovations ［M］. London: Earthscan Publications, 2000.

［98］LYNN L H, REDDY N M, ARAM J D. Linking technologyand institutions: the innovation community framework ［J］. Research Policy, 1996, 25 (1): 91－106

［99］SWIADEK A, DZIKOWSKI P, GORACZKOWSKA J, et al. The national innovation system in a catching-up country: empirical evidence based on micro data of a Triple Helix in Poland ［J］. Oeconomia Copernicana, 2022, 13(2):511－540.